电子元器件失效分析技术丛书

通信产品 PCB
基础知识及其应用

安　维　曾福林　编著
王志坚　丁亭鑫　审校

电子工業出版社·

Publishing House of Electronics Industry

北京·BEIJING

内 容 简 介

　　PCB（Printed Circuit Board），中文名称为印制电路板，是重要的电子部件，既是电子元器件的支撑体，也是电子元器件电气连接的载体。从事工程技术工作的人对 PCB 都不陌生，但能够系统地讲解 PCB 的细节的人并不多。本书结合终端客户端 PCB 的应用失效案例，采用深入浅出、图文并茂的方式，从终端客户应用的角度对 PCB 失效案例进行分析，讲解了 PCB 基础知识及其应用。本书具有原创性和独特性，对于从事电子元器件生产、EMS 质量管理工作的技术人员、工艺人员和研发人员具有很重要的参考价值，能够帮助他们深入理解电子元器件在产品应用端的相关技术要求并解决好潜在失效点等关键问题。

　　本书可起到 PCB 技术手册和启蒙科普教材的作用，既可作为从事电子元器件制造及电子装联工作的工程技术人员的参考书，也可作为相关企业员工的专业技能培训教材，还可作为高等院校相关专业师生的教学参考书。

图书在版编目（CIP）数据

通信产品 PCB 基础知识及其应用／安维，曾福林编著 .—北京：电子工业出版社，2021.6

（电子元器件失效分析技术丛书）

ISBN 978-7-121-41223-3

Ⅰ．①通… Ⅱ．①安… ②曾… Ⅲ．①印刷电路-计算机辅助设计-应用软件 Ⅳ．①TN410.2

中国版本图书馆 CIP 数据核字（2021）第 091575 号

责任编辑：柴　燕　　文字编辑：宋　梅
印　　刷：北京缤索印刷有限公司
装　　订：北京缤索印刷有限公司
出版发行：电子工业出版社
　　　　　北京市海淀区万寿路 173 信箱　　邮编 100036
开　　本：787×980　1/16　印张：12.75　字数：294 千字
版　　次：2021 年 6 月第 1 版
印　　次：2023 年 6 月第 4 次印刷
定　　价：99.00 元

凡所购买电子工业出版社图书有缺损问题，请向购买书店调换。若书店售缺，请与本社发行部联系，联系及邮购电话：(010)88254888，88258888。

质量投诉请发邮件至 zlts@ phei. com. cn，盗版侵权举报请发邮件至 dbqq@ phei. com. cn。

本书咨询联系方式：mariams@ phei. com. cn。

序言

很高兴看到本书出版，并应作者邀请为其作序。本书凝结着中兴通讯股份有限公司（简称中兴通讯）材料技术专家们的心血和智慧，是他们在 PCB 领域长期潜心钻研、深刻思考、坚持技术创新的知识沉淀与宝贵经验总结。无论过去、现在还是将来，核心技术都是中兴通讯发展的第一生产力。在 35 年的发展历程中，中兴通讯坚持以持续技术创新为客户不断创造价值。而不竭的产品创新，尤其是 5G 技术领先，离不开长期以来材料、工艺等基础领域技术研究的有力支撑。特别是在材料方面，中兴通讯通过深化供应链管理，与供应商、科研机构、重点院校、行业协会等产业链伙伴通过技术交流、联合开发等多种方式，共同推动材料技术的创新变革，一起致力于整个产业链的快速发展。

在通信行业中，PCB 作为使用最为广泛的重要材料之一，普通却不简单。伴随着集成电路的迅速发展，电子设备体积日渐缩小，PCB 布线密度和难度愈加面临挑战，这使 PCB 的设计、板材及工艺成为业界关注的技术重点。尤其在通信行业，伴随着 5G 时代的到来，传输速度、延迟、连接密度等各项关键技术指标都有大幅度的提升，这对 PCB 的材料技术指标提出了更高的要求。可以说，在 5G 高端通信领域，如何获得 PCB 的"最优设计"、选择"最合适的板材"、找到"最合适的加工药水"，这些问题显得尤其突出且迫切需要解决。

本书的两位作者在中兴通讯亲身经历了 3G 到 5G 通信技术的发展，负责 PCB 的技术研究和质量管理工作，他们及其所带领的 PCB 材料团队，不仅掌握扎实的专业知识，而且在实战中积累了大量的实践经验。现在，两位专家将这些宝贵经验汇集成册，形成本书，从实际应用的角度出发，系统讲解 PCB 制造加工的理论知识，深入剖析 PCB 材料选型、叠层设计、药水选用、典型失效问题等实践案例，并且从用户的角度，详细阐述了通信行业对 PCB 材料的需求以及系统性的应用分析方法，弥补了此类专业图书往往更偏重于 PCB 本身制造加工过程的空白。希望本书对通信行业的 PCB 技术研究提供一些思路和方法，为推动产业链共同发展贡献力量，这也是两位专家编写本书的初衷。

　　技术进步永无止境，任重而道远。中兴通讯希望携手产业链上下游合作伙伴，在通信技术蓬勃发展的征程中，共同致力于 PCB 等各类材料基础技术的创新、总结和深化，共同推动电子制造行业的高质量发展。

中兴通讯股份有限公司副总裁

如何实现"最优 PCB 设计"，如何选择"最合适的 PCB 板材"，如何找到"最合适的 PCB 加工药水"……解决这些问题是所有 PCB 电路设计专业人员孜孜以求的目标。但要找到正确的解决方法却不容易，想学习相关方法论，但又找不到合适的专业图书。笔者结合个人在电子电路行业十余年的工作经验，秉承让每一位 PCB 电路设计人员在从业初期就能够找到一本合适的专业图书的初衷编写了本书，希望能够为他们的工作和学习提供参考依据。

目前，有关 PCB 的图书有些内容偏重于 PCB 制造，主要面对 PCB 生产端的生产工艺人员，针对用户组装工艺导致的失效的内容较少；有些内容偏重于电子装联工艺，主要面向贴片厂的相关工艺人员，问题案例比较简洁，不涉及具体的分析方法及技巧。笔者在从业期间，在与 PCB 制造厂家沟通时经常发现，制造厂家对于 PCB 在终端客户端的实际应用场景并不是非常了解，很多质量问题的发生与此相关。所幸笔者供职的中兴通讯是国内最大的通信设备上市公司，有专业的 PCB 管理团队，同时在日常工作中也会处理大量的 PCB 技术质量问题，因此积累了大量有关 PCB 失效分析的案例，现在笔者愿意将这些案例与笔者十余年的工作经验和心得总结成册，同业界同人分享、交流，希望能使大家更深入地了解终端客户对于 PCB 的质量要求。

本书结合终端客户端 PCB 的实际应用失效案例，从终端客户应用的角度对 PCB 失效案例进行分析，涉及 PCB 设计、板材选型、药水选择以及难点问题的失效分析，向读者呈现了 PCB 应用分析的系统性方法，相信对 PCB 加工厂家以及 SMT 厂家生产制造会有实际的指导意义。本书凝聚了中兴通讯多年来积累的 PCB 材料管理经验，希望通过大量的实际案例，让读者深入了解终端客户对于 PCB 的质量要求。

本书是"电子元器件失效分析技术丛书"中的第一册，由安维和曾福林编写。其中，第 1、2、3、4、5 章由曾福林编写，第 6、7、8、9 章由安维编写。本书由中兴通讯股份有限公司副总裁王志坚和丁亭鑫审校。

在本书编写过程中，得到了中兴通讯股份有限公司副总裁张敬鑫等各级领导给予的支持与关注，还得到了中兴通讯新品导入及材料技术部的安绍银、李冀星、蒋涛等同事的大力支持，在此向他们表示由衷的感谢。另外，感谢深南电路股份有限公司王宾、熊伟以及生益电子股份有限公司沈永生提供的帮助。感谢电子工业出版社的宋梅编审对本书的编写和出版的支持与帮助。

由于作者水平有限，书中难免有不妥和错误之处，恳请读者批评指正。

作者

2021 年 5 月于深圳

目　录

第1章 PCB 基材知识

1.1 材料定义与原理

1.1.1 PCB 概述

PCB（Printed Circuit Board），中文名称为印制电路板，美国称 PWB（Printed Wire Board，印制线路板）。PCB 是重要的电子部件，既是电子元器件的支撑体，也是电子元器件线路连接的提供者。它用影像转移的方式将线路转移到基板上，经过化学蚀刻后生成线路。由于 PCB 是采用电子印刷技术制作的，故被称为印制电路板。几乎每种电子设备，小到耳机、电池、计算器，大到计算机、通信设备、飞机、卫星，只要用到集成电路等电子元器件，为了它们之间的电气互连，都要使用 PCB。PCB 与 PCBA 如图 1.1 所示，图 1.1（a）为未贴装元器件的 PCB，图 1.1（b）为 PCBA（Printed Circuit Board Assembly），也就是装配了电子元器件（如芯片、连接器、电阻器、电容器、电感器等）的 PCB。

（a）PCB   （b）PCBA

图 1.1　PCB 与 PCBA

1.1.2 PCB 的作用

在印制电路板出现之前，电子元器件之间的互连都是通过电线直接连接而组成完整线路的。电子设备采用印制电路板以后，由于同类印制电路板的一致性，从而避免了人工接线的差错，印制电路板可以提供集成电路等各种电子元器件固定、装配的机械支撑，完成集成电路等各种电子元器件之间的布线和电气连接或电绝缘，提供所要求的电气特性，如特性阻抗等，可为自动锡焊提供阻焊图形，为元器件插装、检查、维修提供识别字符和图形。

1.1.3 PCB 的起源

1925 年，美国的 Charles Ducas（加成法的鼻祖）在绝缘的基板上印刷出线路图案，再以电镀的方式，成功制成导体作为配线。1936 年，奥地利人保罗·爱斯勒（Paul Eisler）（减成法的鼻祖）首先在收音机里采用了印制电路板。1943 年，美国人将该技术运用于军用收音机。1948 年，美国正式认可此发明可用于商业用途。自 20 世纪 50 年代中期起，印制电路板才开始被广泛运用，如今印制电路板在电子工业中已占据绝对统治地位。

1.1.4 PCB 的发展

印制电路板从单层发展到双面、多层和挠性，并且仍旧保持着各自的发展趋势。由于不断地向高精度、高密度和高可靠性方向发展，不断缩小体积、降低成本、提高性能，使得印制电路板在未来电子设备的发展工程中，仍然保持着强大的生命力。

国内外对未来印制电路板生产制造技术发展动向的论述基本是一致的，即向高密度、高精度、细孔径、细导线、小间距、高可靠性、多层化、高速传输、轻质量、薄型化方向发展，同时在生产方面，向提高生产率，降低成本，减少污染，适应多品种、小批量生产方向发展。

1.2 材料分类与结构

1.2.1 PCB 的分类

1. 按用途分类

- 民用印制电路板（消费类）：玩具、照相机、电视机、音响设备、手机等使用的印制电路板。

- 工业用印制电路板（装备类）：安防、汽车、计算机、通信机、仪器仪表等使用的印制电路板。
- 军用印制电路板：航天、雷达使用的印制电路板等。

2. 按基材类型分类

- 纸基印制电路板：酚醛纸基印制电路板、环氧纸基印制电路板等。
- 玻璃布基印制电路板：环氧玻璃布基印制电路板、聚四氟乙烯玻璃布基印制电路板等。
- 合成纤维印制电路板：环氧合成纤维印制电路板等。
- 有机薄膜基材印制电路板：尼龙薄膜印制电路板等。
- 陶瓷基板印制电路板。
- 金属芯基印制电路板。

3. 按结构分类

按结构印制电路板可分为刚性印制电路板、柔性印制电路板和刚柔结合印制电路板，如图 1.2 所示。

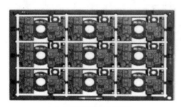  

（a）刚性印制电路板　　　　　　　（b）柔性印制电路板　　　　　（c）刚柔结合印制电路板

图 1.2　刚性、柔性及刚柔结合印制电路板

4. 按层数分类

按层数印制电路板可分为单面板、双面板、多层板和 HDI 板（高密度互连板）。

（1）单面板

单面板指只在电路板的其中一个面（焊接面）上进行布线，而所有元器件以及元器件标号和文字标注等都在另一个面（元器件面）上放置的电路板。其最大的特点是价格低廉，制造工艺简单。但是由于只能在一个面上进行布线，布线比较困难，容易出现布不通的情况，所以只适用于一些比较简单的电路。单面板结构示意图如图 1.3 所示。

（2）双面板

双面板在绝缘板两面进行布线，其中一面作为顶层，另一面作为底层。顶层和底层通过过孔进行电气连接。通常，双层板上的元器件被放置在顶层；但是，有时为了缩小电路板体积，也可以在两层都放元器件。双层板的特点是价格适中、布线容易，是目前普通电路板中比较常用的类型。双面板结构示意图如图 1.4 所示。

图 1.3　单面板结构示意图

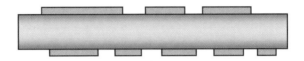

图 1.4　双面板结构示意图

（3）多层板

两层以上的印制电路板统称为多层板。多层板结构示意图如图 1.5 所示。

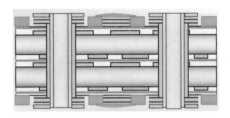

图 1.5　多层板结构示意图

（4）HDI 板

HDI 板是采用微盲埋孔技术的一种线路分布密度比较高的电路板。HDI 板结构示意图如图 1.6 所示。

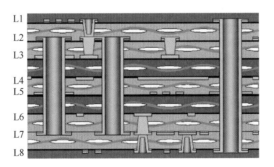

图 1.6　HDI 板结构示意图

1.2.2　PCB 的结构

PCB 主要由覆铜箔层压板（Copper Clad Laminates，CCL）、半固化片（PP 片）、铜箔（Copper Foil）、阻焊层（又称阻焊膜）（Solder Mask）组成。同时，为了保护表面裸露在外的铜箔，保证焊接效果，还需要对 PCB 进行表面处理，有时还要配以字符进行标识。PCB 四层板结构示意图如图 1.7 所示。

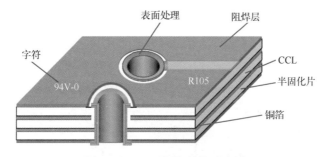

图 1.7　PCB 四层板结构示意图

1. 覆铜箔层压板

覆铜箔层压板（CCL），简称覆铜箔板或覆铜板，是制造印制电路板的基础材料，是由介电层（树脂、玻璃纤维）及高纯度的导体（铜箔）二者所构成的复合材料。直到 1960 年才有专业制造厂以甲醛树脂铜箔为基材制作单面 PCB，并将其投入电唱机、录音机、录像机等市场，之后因双面贯孔镀铜制造技术兴起，于是耐热、尺寸安定的环氧玻璃基板大量被应用至今。现在用得比较多的有 FR4、FR1、CEM3、陶瓷板和铁氟龙板等。

目前，应用最广泛的采用蚀刻法制成的 PCB 是在覆铜箔板上有选择地进行蚀刻，得到所需的线路图形。覆铜箔板在整个印制电路板上主要提供导电、绝缘和支撑三个方面的功能。印制电路板的性能、质量和制造成本，在很大程度上取决于覆铜箔板，如图 1.8 所示。

图 1.8　覆铜箔板

2. 半固化片

半固化片又称 PP 片，是多层板生产中的主要材料之一，主要由树脂和增强材料组成，增强材料分为玻璃纤维布（简称玻璃布）、纸基和复合材料等几种类型。

制作多层印制电路板所使用的半固化片（黏结片）大多采用玻璃布作为增强材料。将经过处理的玻璃布浸渍上树脂胶液，再经热处理预烘制成的薄片材料被称为半固化片。半固化片在加热加压下会软化，冷却后会固化。由于玻璃布在经向、纬向单位长度的纱股数不同，在剪切时需注意半固化片的经纬向，一般选取经向（玻璃布卷曲的方向）为生产板的短边方向，纬向为生产板的长边方向，以确保板面的平整，防止生产板受热后扭曲变形。PP 片如图 1.9 所示。

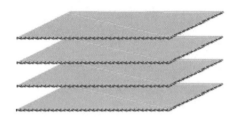

图 1.9　PP 片

3. 铜箔

铜箔是沉淀于电路板基底层上的一层薄的、连续的金属箔，它作为 PCB 的导电体，容易被黏合在绝缘层上，经蚀刻后形成电路图样。常见工业用铜箔可分为压延铜箔（RA 铜箔）与电解铜箔（ED 铜箔）两大类。其中压延铜箔具有较好的延展性等特性，是早期软板制程所使用的铜箔；电解铜箔则具有制造成本较压延铜箔低的优势，如图 1.10 所示。

图 1.10　铜箔

4. 阻焊层

阻焊层是指印制电路板上有阻焊油墨的部分。阻焊油墨通常是绿色的，有少数采用红色、黑色和蓝色等，所以在 PCB 行业常把阻焊油墨称为绿油，它是印制电路板的永久性保护层，能起到防潮、防腐蚀、防霉和机械擦伤等作用，同时也可以防止零件被焊到不正确的地方。阻焊层如图 1.11 所示。

图 1.11 阻焊层

5. 表面处理

这里所说的 "表面" 是指 PCB 上为电子元器件或其他系统与 PCB 上的电路之间提供电气连接的连接点，如焊盘或接触式连接的连接点。裸铜本身的可焊性很好，但是暴露在空气中很容易被氧化，而且容易受到污染，所以要在裸铜的表面覆盖一层保护膜。

常见的 PCB 表面处理工艺有有铅喷锡、无铅喷锡、有机涂覆（Organic Solderability Preservatives，OSP）、沉金、沉银、沉锡和镀金手指等，随着环保法规的不断完善，有铅喷锡工艺已经逐渐被禁用。PCB 表面处理工艺如图 1.12 所示。

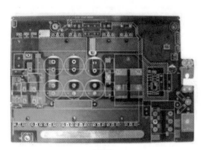

喷锡

沉金

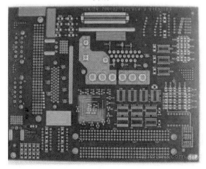

有机涂覆

沉银

图 1.12 PCB 表面处理工艺

6. 字符

字符即文字层，在 PCB 的最上面一层，可以没有，一般用于注释。通常，为了方便电路的安装和维修等，在印制板的上下表面上印刷所需要的标志图案和文字代号等，例如，元器件标号和标称值、元器件外廓形状和厂家标志、生产日期等。字符通常采用丝网印刷方式印刷，如图 1.13 所示。

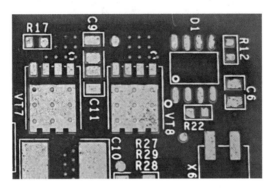

图 1.13　字符

第 2 章　PCB 材料技术参数及可靠性

PCB 在使用过程中，基材类型、PCB 厚度、尺寸、线宽、线距、铜厚、阻焊层等参数至关重要。

2.1　基材类型

基材是生产 PCB 的原材料，基材可以是刚性的或柔性的，也可以是非导电材料或加绝缘层的金属材料。

2.1.1　按照增强材料类型分类

业界最常见的分类方法是按增强材料类型分类，刚性印制电路板基材类型如图 2.1 所示。

2.1.2　按照阻燃特性等级分类

按照阻燃特性等级划分，基材可以分为 UL94V-0/V-1/V-2 和 UL94-HB。

可燃性 UL94 等级是应用最广泛的塑料材料可燃性能标准，它被用来评价材料在被点燃后熄灭的能力。根据燃烧速度、燃烧时间、抗滴能力以及滴珠是否燃烧可有多种评判方法。

塑料阻燃等级由 HB、V-2 和 V-1 向 V-0 逐级递增。

- HB：UL94 标准中最低的阻燃等级，要求对于 3～13 mm 厚的样品，燃烧速度小于 40 mm/min；对于小于 3 mm 厚的样品，燃烧速度小于 70 mm/min；或者在 100 mm 的标志前熄灭。
- V-2：对样品进行两次 10 s 的燃烧测试后，火焰在 60 s 内熄灭，可以有燃烧物掉下。
- V-1：对样品进行两次 10 s 的燃烧测试后，火焰在 60 s 内熄灭，不能有燃烧物掉下。
- V-0：对样品进行两次 10 s 的燃烧测试后，火焰在 30 s 内熄灭，不能有燃烧物掉下。

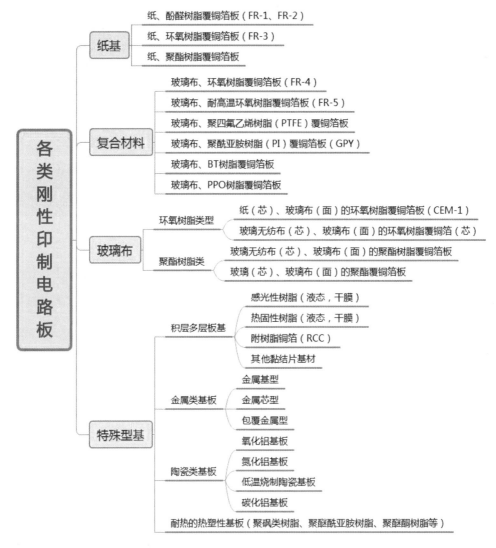

图 2.1　刚性印制电路板基材类型

2.1.3　按照环保要求分类

按照环保要求划分，基材可以分为有卤基材和无卤基材。卤素包括氟（F）、氯（Cl）、溴（Br）、碘（I）和砹（At）。

无卤定义：根据法规 IEC 61249-2-21 的要求，溴和氯含量分别小于 900 ppm，且溴与氯的含量总和小于 1500 ppm，满足以上条件的基材为无卤基材。

2.1.4　按照基材 T_g 值分类

按照 T_g 值划分，基材可以分为普通 T_g 基材、中 T_g 基材和高 T_g 基材。一般普通 T_g 基材的 T_g 大于 $130℃$，中 T_g 基材的 T_g 大于 $150℃$，高 T_g 基材的 T_g 大于 $170℃$。

T_g 是玻璃化转变温度，即熔点。电路板必须耐燃，在一定温度下不能燃烧，只能软化。这时的温度点被称作玻璃化转变温度（T_g）点，该值关系到 PCB 的尺寸安定性，所以在设计时要根据 PCB 的尺寸、元器件布局及性能要求综合考虑，选用不同类型的 T_g 值基材。

2.2　PCB 厚度

2.2.1　PCB 厚度定义

PCB 标称厚度（即绝缘层加导体铜的厚度）一般指成品 PCB 厚度。成品 PCB 厚度 = 基材厚度 + 导体铜厚度（铜材与表面镀层）+ 阻焊层厚度。当有金手指时，测量 PCB 厚时要测量金手指的位置，以优先满足插拔的特性要求。

2.2.2　PCB 厚度设计要求

PCB 厚度的选取应该根据其外形尺寸、层数、所安装的元器件质量、安装方式以及阻抗要求来选择。PCB 厚度设计要求如下。

① 推荐厚度：0.65 mm、0.7 mm、0.8 mm、0.95 mm、1.0 mm、1.27 mm、1.5 mm、1.6 mm、2.0 mm、2.4 mm、3.0 mm、3.2 mm、3.5 mm、4.0 mm 和 6.4 mm。

② 插箱安装竖插 PCB 的最小厚度如表 2.1 所示，该表给出的数据可作为常用单板厚度的选取参考值。

③ 非插箱安装 PCB 的厚度设计要求：当 PCB 尺寸在 300 mm×250 mm 以下时，建议优选厚度为 1.6 mm 和 2.0 mm；当 PCB 较大时，建议优选厚度为 2.0 mm、2.4 mm、3.0 mm、3.2 mm、3.5 mm，或选择更厚的印制电路板，但其厚度最好不超过 4.0 mm。

表 2.1　插箱安装 PCB 的最小厚度

PCB 宽度/mm	对应插箱高度/U	PCB 的长度/mm					
		100	160	210	300	340	400
100.00	3	1.6					
144.50	4	1.6					

PCB 宽度/mm	对应插箱高度/U	PCB 的长度/mm					
		100	160	210	300	340	400
233.35	6	1.6			2.0		2.4
322.25	8			2.0		2.4	3.0
366.70	9			2.0	2.4		3.0
411.65	10			2.0	2.4		3.0

注释：① PCB 的宽度与插箱横梁和导轨的结构尺寸有关，此尺寸仅作为参考。
② U 是机箱机柜高度尺寸的标准单位，1U = 44.45 mm。

2.3　PCB 尺寸

2.3.1　PCB 外形尺寸

PCB 外形尺寸受限于 SMT 生产线上所有设备可处理 PCB 的能力。SMT 生产线配置如图 2.2 所示，图中单位为 mm，该图展示了 SMT 生产线主要设备的生产能力（以可以贴装 PCB 的最终 $L \times W$ 表示，其中，L 为 PCB 的长，W 为 PCB 的宽）。从图中可知，SMT 生产线的第一个瓶颈为上/下板机，第二个瓶颈为 AOI（Automated Optical Inspector，自动光学检测仪），第三个瓶颈为贴片机。

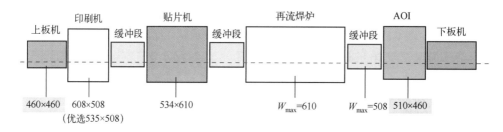

图 2.2　SMT 生产线配置

一般情况下，PCB 的最大尺寸应控制在 460 mm×460 mm 内。

SMT 生产线的极限加工能力：采用纯 SMT 工艺，可加工的 PCB 极限尺寸（长×宽×高）为 850 mm×510 mm×6 mm；如果进行波峰焊接，可以加工的 PCB 最大宽度（W_{max}）为 508 mm（如果使用托盘，PCB 最大宽度不能超过 450 mm）。

2.3.2　PCB 长宽要求

PCB 一般采用长宽比不大于 2 的矩形（不进行强制要求）。

最佳长宽尺寸范围是（200～250）mm×（250～350）mm；对尺寸小于 125 mm×125 mm 的 PCB，建议制作成拼板。

2.3.3　PCB 倒角要求

为便于 PCB 包装、生产线传送以及在插框中导入，四角应设计成小圆弧形或斜角。推荐倒角最小半径为 1.0 mm。

2.3.4　PCB 拼板要求

为保证在传送过程中的平稳性，对不规则形状的 PCB 应考虑用拼板的方式将其转换为规则的矩形形状，特别是角部缺口最好补齐，以免在传送过程中卡板。

2.3.5　线宽／线距

线宽／线距的设计应该与导体厚度相匹配，表2.2 列出了基于成品导体厚度的最小线宽／线距，供设计时选择。

表 2.2　基于成品导体厚度的最小线宽/线距

底铜铜厚/oz	先进能力最小线宽/线距/mil		经济能力最小线宽/线距/mil	
	内层	外层	内层	外层
1/3	NA	3.75/4	NA	4/4
1/2	3/3	4/4	3.5/3.5	4/4.5
1	3.5/4	4.5/5	4/4.5	5/5
2	4/5	6/6	5/6	7/7
3	6/7	8/8	7/8	9/9

注释：1 oz = 35 μm；1 mil = 0.0254 mm。

2.3.6 铜厚

导体铜厚为成品铜厚，即外层铜厚为底铜铜箔厚度加电镀层厚度，内层铜厚为内层底铜铜箔厚度。

IPC-A-600 规定的不同底铜厚度下的内外层导体最小厚度如表 2.3 所示。当无特别要求时，按照 2 级标准要求执行，电源板一般要按照 3 级标准要求执行。

表 2.3 不同底铜厚度下的内外层导体最小厚度

底铜厚度/oz	外层导体最小厚度/μm		内层导体最小厚度/μm
	1 级、2 级	3 级	1 级、2 级、3 级
1/4	26.2	31.2	6.2
1/3（3/8）	29.3	34.3	9.3
1/2	33.4	38.4	11.4
1	47.9	52.9	24.9
2	78.7	83.7	55.7
3	108.6	113.6	86.6
4	139.5	144.5	117.5

2.4 阻焊层

阻焊层是印制电路板的永久性保护层，能起到防潮、防腐蚀、防霉和防机械擦伤等作用。同时也可以防止焊接时出现桥连。阻焊层的设计主要是确定开窗方式和焊盘间隙。

2.4.1 阻焊加工能力

阻焊加工能力主要取决于阻焊菲林的定位精度、表面处理工艺，同时也受铜厚的限制，为保证阻焊层不上焊盘、不入孔或覆盖图形（如线条），需要预留间隙或覆盖扩展尺寸。1 oz 铜厚、非 Im-Sn 表面处理的阻焊工艺能力如图 2.3 所示，该值可作为推荐的阻焊设计参数。1 oz 铜厚以上，每增加 1 oz 铜厚，阻焊层覆盖/间隙增加 2 mil。Im-Sn 表面处理最小阻焊桥宽为 5 mil，最小阻焊间隙为 3 mil。

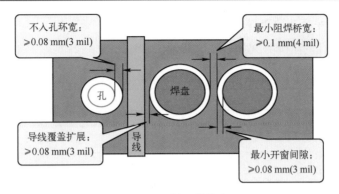

图 2.3　阻焊工艺能力

2.4.2　导线阻焊层

导线一般要求覆盖阻焊层，线路上的阻焊层最小厚度≥10 μm。

2.4.3　导通孔阻焊层

导通孔的阻焊方式主要有三种方式：塞孔（包括半塞和全塞）、开小窗和开满窗，如图 2.4 所示。

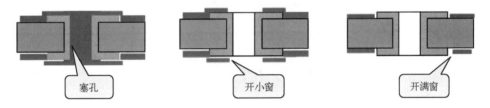

图 2.4　导通孔阻焊方式

（1）BGA 下导通孔的阻焊设计

BGA 下导通孔的阻焊方式如表 2.4 所示。

表 2.4　BGA 下导通孔的阻焊方式

应用条件	阻焊工艺	设计要求
不作为测试点	塞孔	孔径需小于 0.5 mm（20 mil）
作为测试点	元件面开小窗，焊接面开满窗	
说明：在本表中，元件面指 BGA 所在的面，焊接面指与元件面相对的另一面		

（2）非 BGA 下导通孔的阻焊设计

非 BGA 下导通孔的阻焊方式如表 2.5 所示。

表 2.5　非 BGA 下导通孔的阻焊方式

应用场合	阻焊工艺	设计要求
不作为测试点	塞孔、开小窗、开满窗	优选塞孔
作为测试点	元件面开小窗，焊接面开满窗	
	两面开满窗	
说明：在本表中，元件面指 BGA 所在的面，焊接面指与元件面相对的另一面		

（3）BGA 下测试导通孔开小窗设计要求

为防止 BGA 焊盘与测试导通孔间桥连，导通孔与焊盘间的阻焊桥（S）需要满足最小宽度为 0.13 mm（5 mil）的要求。要达到这样的要求，对 BGA 的焊盘尺寸（D）、导通孔阻焊开窗（d）及导通孔孔径（D_0）必须进行整体设计。0.8/1.0 mm 焊盘间距 BGA 推荐设计尺寸如图 2.5 与表 2.6 所示，其中，图 2.5 展示了阻焊设计有关尺寸，表 2.6 给出了焊盘直径、导通孔成品孔径尺寸要求。

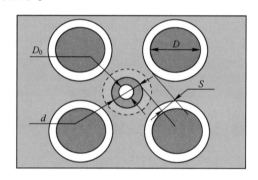

图 2.5　阻焊设计有关尺寸

表 2.6　焊盘直径、导通孔成品孔径尺寸要求

BGA 焊盘间距/mm	焊盘		导通孔	
	直径（D）/mm	阻焊开窗/mm	阻焊开窗（d）/mm	孔径（D_0）/mm
0.8	0.36	0.51	0.35	0.2
1	0.45	0.6	0.4	0.25

2.4.4　表面焊盘阻焊

表面焊盘的设计，分为非阻焊层定义（Non Solder Mask Defined，NSMD）设计方式和阻

焊层定义（Solder Mask Defined，SMD）设计方式。推荐采用非阻焊层定义设计方式。阻焊层设计包括开窗方式、最小阻焊桥、阻焊间隙以及阻焊厚度的设计。

1. 非阻焊层定义焊盘的阻焊设计

非阻焊层定义焊盘的大小由铜箔尺寸确定。

① 阻焊间隙一般应大于等于 0.08 mm（3 mil），特殊情况下（对于 0.4 mm 间距的 CSP 和 QFP），阻焊间隙可以小至 0.06 mm（2.5 mil）；最小阻焊桥宽一般应大于等于 0.10 mm（4 mil），特殊情况下（对于 0.4 mm 间距的 CSP 和 QFP），阻焊间隙可以小至 0.08 mm（3 mil）。阻焊设计基础要求如图 2.6 所示。

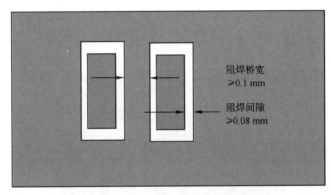

阻焊桥宽
≥0.1 mm

阻焊间隙
≥0.08 mm

图 2.6　阻焊设计基础要求

② 当表面组装元件焊盘间隙 ≥ 0.2 mm 时，采用单焊盘式窗口设计；当焊盘间隙 <0.2 mm 时，采用群焊盘式窗口设计。开窗方式如图 2.7 所示。

（a）单焊盘式　　　　　　　　　　　　　（b）群焊盘式

图 2.7　开窗方式

③ 阻焊层厚度对于精细间距元件的焊膏印刷量的影响比较大，对于使用双排 QFN、0.4 mm CSP、0201 和 01005 等元器件的 PCBA，阻焊层厚度应控制在 4~20 μm，这属于特殊要求，应标注在图纸上。

2. 阻焊层定义焊盘的阻焊设计

阻焊层定义焊盘的大小由阻焊开窗尺寸确定，阻焊层定义焊盘设计如图 2.8 所示。此设计方式在系统板上主要用于大铜箔区上个别焊盘的设计。阻焊层定义焊盘的设计与应用如下所述。

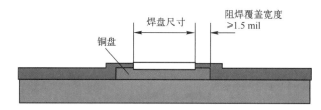

图 2.8　阻焊层定义焊盘设计

① 当采用阻焊层定义焊盘的设计方式时，铜盘应比阻焊层开窗单边大 0.04 mm（1.5 mil）以上，如图 2.8 所示。

② 如果封装为尺寸小于 0805、两引脚的 Chip 类元件且两焊盘分别采用不同的定义方式，则在设计时应确保两焊盘形状、大小一样，即阻焊层定义焊盘的阻焊开窗应与非阻焊层定义焊盘一样，如图 2.9 所示，该图展示了 Chip 类元件焊盘的阻焊设计。

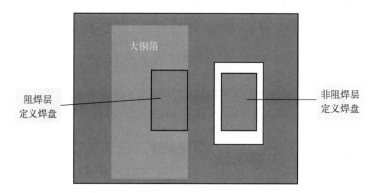

图 2.9　Chip 类元件焊盘的阻焊设计

③ 不推荐将阻焊层定义焊盘设计用于间距小于等于 0.65 mm 的 BGA 和 QFN 下个别焊盘，如图 2.10（a）所示的设计。因为这样会减少此焊盘对焊锡的吸附空间，容易发生桥连，所以，应优先推荐非阻焊层定义的焊盘设计，如图 2.10（b）所示。图 2.10 展示了阻焊层定义焊盘的应用。

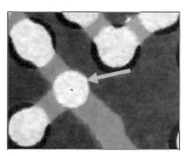

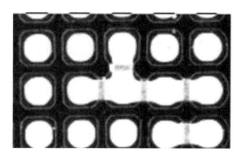

（a）不推荐设计　　　　　　　　　　　　（b）推荐设计

图 2.10　阻焊层定义焊盘的应用

2.5　PCB 可靠性

PCB 可靠性是指 PCB 能够满足后续生产（PCBA 装配）条件，并在特定的工作环境和操作条件下，在一定的时期内，保持正常运行功能的能力。良好的可靠性可以使 PCB 发挥良好的载体作用，使 PCBA 达到稳定、长期运作，从而保证终端产品的安全性、稳定性和使用寿命。

2.5.1　PCB 可靠性测试标准

PCB 可靠性测试标准主要参考业界 IPC 标准，主要有：
- IPC-6012　刚性印制电路板的鉴定及性能规范；
- IPC-TM-650　测试方法手册；
- IPC-A-600　印制电路板允收规范；
- IPC J-STD-003　印制电路板可焊性测试。

2.5.2　PCB 可靠性测试项目

1. 印制电路板表面离子污染度

（1）使用仪器

离子残留度测试仪。

（2）测试方法

参考 IPC-TM-650 标准，采用 75% 的异丙醇和 25% 去离子水（纯水）的溶剂进行清洗，然后测试其电阻值，再换算成等效的 NaCl 含量。

（3）评判要求

合格标准：等效 NaCl 含量 $T < 10.1\ \mu gNaCl/in^2$（$1.56\ \mu gNaCl/cm^2$）。阻焊层覆盖前的 PCB 和来料的 PCB 都应该满足该洁净度要求。

2. 表面绝缘电阻

（1）测试方法

① 测试图形可以采用梳形和 Y 形电极，或者选择与实物单板相同或者不同层的平行导线。

② 测试前，先将样品按照产品实际组装条件，选择无铅再流焊接预处理 5 次，观察没有分层和气泡现象。

③ 测试条件：电压　100 V；温度　50±5℃；湿度　90%；时间　4 天。

（2）判断标准

判断标准如表 2.7 所示。

表 2.7　判断标准

测 试 环 境	绝 缘 电 阻	备 注
初始（室温条件）	≥500 MΩ	湿热后，无分层、气泡和迁移物等异常现象
湿热后	≥100 MΩ	

湿热后，进行介质耐电压测试，仍能满足要求。

3. 铜箔抗剥离强度测试

采用 IPC-TM-650 2.4.8c 标准中的测试图形进行测试。

（1）测试方法

① 试样长度应不小于 75 mm，宽度不小于 0.8 mm，被测印制导线不少于 4 条（使用 2 个附连试验板）。

② 使用工具：拉力机。所测拉力应在拉力机容量 15%～85% 范围内，示值误差应小于 1%。

③ 用蘸有对试样无腐蚀溶剂的绸布擦净试样，以垂直于试样并均匀增加的拉力和 50±5 mm/min 的速度将印制导线剥离下来，记录该速度下的抗剥力。

（2）评判要求

● 环氧板的最小抗剥离强度为 1.1 N/mm；

● 高速高频板（指采用基材 DF≤0.01 的单板）的最小抗剥离强度为 0.7 N/mm。

4. 阻焊层附着力试验

（1）试样与测试

取 PCB 线路密集、通孔焊接处、独立线路区域为样品测试区域，在其上涂覆助焊剂，静置 3～5 min，在烘箱中 120℃下烘烤 30 s，再进行 288℃、10 s、3 次的漂锡试验。可参考 J-STD-003 标准操作。

（2）判定标准

目检阻焊层没有气泡或剥离现象。

5. 介质耐压试验

（1）测试方法

① 测试图形可以采用梳形和 Y 形电极，或者选择与实物单板相同或者不同层的平行导线。

② 测试前，先将样品按照产品实际组装条件，选择无铅再流焊接预处理 5 次，观察没有分层和气泡现象。

③ 介质耐压试验要求如表 2.8 所示。

表 2.8　介质耐压试验要求

板 类 型	电　　　压	时　　间
普通 PCB	500+15/−0 VDC	30+3/−0 s
厚铜 PCB	电压 1500 V，电流 0.1 mA，电压每秒爬升 500 ~ 1500 V，维持 3~5 s	30+3/−0 s

（2）判定标准

按照介质耐电压测试要求，各导线间、导线与焊盘之间不得出现飞弧或击穿现象。

6. 温度冲击试验

（1）测试方法

① 参考 IPC-TM-650 2.6.7.2 标准进行测试，样品优先选择标准的测试图形，如 IST（Interconnect Stress Test，互连强度测试）链路，也可以选择产品单板上的孔链的典型位置。

② 按照业界无铅再流焊接条件，进行 5 次再流焊接预处理。

③ 将样品放入试验箱，在默认条件下，在−55 ~ 125℃条件，对消费类家庭信息终端板进行 100 次循环，对通信用系统板进行 250 次循环。

（2）判定标准

① 前后两次的连通电阻阻值变化小于±10%。

② 在 10X 放大镜下观察 PCB 表面应无白点、爆板等缺陷。

③ 导通孔应无裂纹等缺陷产生。

7. 热应力试验

（1）测试与判定

① 热应力试验参照 IPC-TM-650 2.6.8 标准进行，具体条件参考表 2.9。

② 测试后进行目视检验，应无分层、裂纹、气泡和阻焊剥离现象，切片满足质量标准。

热应力试验条件如表 2.9 所示。

表 2.9　热应力试验条件

漂洗样品	温　　度	时　　间	漂锡次数
无铅	288±5℃	10+1/0 s	3
针对孔壁距离≤22 mil 的大铜面的面阵列散热孔，均按照有铅的方法测试			

（2）再流焊接仲裁与判定

仲裁试验：依照 IPC-TM-650 2.6.27 标准，结合表 2.10 再流焊接试验条件，经过 5 次再流焊接试验后，应无分层、气泡、孔断、阻焊脱落、裂纹等异常现象，切片满足质量要求。

表 2.10　再流焊接试验条件

再流焊接测试	液相线以上的时间	板 面 峰 值	再流焊接温度和时间	再流焊接次数
无铅	≥217℃，20~150 s	260±5℃	≥255℃，20~30 s	5

8. 互连强度测试（Interconnect Stress Test，IST）

（1）测试方法

① 根据 IST 链路设计要求，选择无铅再流焊接预处理，再流焊接次数为 5 次。如果 IST 设备具有预处理功能，温度/时间按照无铅的峰值和时间设定，循环 5 次。

② 参照 IPC-TM-650 2.6.26 的方法进行测试，测试链路的阻值在测试设备范围内，启动测试程序，施加电流，确保在 3 min 内，将样品的温度从室温提升到 150℃，当链路阻值超过 10% 时失效。测试条件：室温~150℃。

（2）判定标准

IST 循环要求如表 2.11 所示。

表 2.11　循环要求

板 厚	IST 循环数
≤1.6 mm	≥250
>1.6 mm	≥150

9. CAF（Conductive Anodic Filament，导电阳极丝）测试

（1）测试方法

① 测试图形采用阵列孔，可以参考梳形电路设计，将线路更换为串联的孔即可，孔壁间距分别为 0.35 mm、0.5 mm、0.6 mm 和 0.8 mm。

② 预处理：在恒温恒湿 35℃/85%RH 下，放置 168 h 后，进行 125℃/4 h 的烘烤，然后进行 5 次无铅再流焊接处理。

③ 测试条件：在高温高湿 85℃/85%RH 下，加偏压 50 VDC，在线监控 500 h。

（2）判定标准

在监控时间内，绝缘电阻 ≥100 MΩ。

10. 高速阻抗控制板的阻抗测试

针对阻抗控制为 ±8% 的印制电路板要进行科邦阻抗测试和板内阻抗测试。

（1）科邦阻抗测试方法

① 科邦长度：大于等于 4 in（1 in = 2.54 cm），尽量保障与所在层的残铜率一致。

② 测试设备：不限。

③ 温度补偿：在测试时需要预热 20 min 以上。

④ 测试区间：30%～70%。

⑤ 垂直方向的分辨率为 2 Ω/格，满屏 10 Ω。

⑥ 在进行差分测试时，两个通道之间的时延偏离（Delay Skew）小于 5 ps。

⑦ 每块 PCB 都必须有标识码对应各自的阻抗条。

（2）板内阻抗测试方法

① 测试设备：Tektronix DSA8300 或者 DSA8200。

② 上升沿：上升沿 20%～80% 的区间小于 25 ps，或者上升沿 10%～90% 的区间小于 35 ps。

③ 温度补偿：在测试时需要预热 20 min 以上，当屏幕右下角温度计呈绿色时，表示温度补偿合适。

④ 测试区间：

如果待测网络长度小于 6 in，则选 BGA 端为测试起点，测试区间从测试探头末端算起，从 300 ps 的位置直至待测件尾端。

如果待测网络长度大于 6 in，从走线两端各测试一次，测试区间从测试线缆末端算起，从 300 ps 的位置直至 1800 ps 为止。

⑤ 垂直方向的分辨率为 1 Ω/格，满屏 10 Ω。

⑥ 在进行差分测试时，两个通道之间的时延偏离（Delay Skew）小于 5 ps。

第3章 PCB 电气性能要求的相关计算

3.1 阻抗

3.1.1 阻抗定义

在某一频率下，电子器件传输信号线（也就是 PCB 的铜线）相对某一参考层，其高频信号或电磁波在传播过程中受到的阻力被称为特性阻抗（Z_o），其单位是 Ω。特性阻抗实际上是电阻抗、电感抗、电容抗等的矢量总和。

在直流电中，物体对电流阻碍的作用被称为电阻。

在交流电中，除了电阻会阻碍电流，电容和电感也会阻碍电流，这种作用被称为电抗，意即抵抗电流的作用。电容和电感的电抗分别被称为电容抗和电感抗。

3.1.2 导线电阻

与尺寸相关的导线电气参数（通常被称为导线规格）可以从各种出版物中获得，导线规格及相关尺寸如表 3.1 所示。下面我们将介绍导线规格与导线（连接线）面积之间的关系，以及在实际应用中如何利用导线（连接线）电阻与尺寸和温度之间的函数关系。

导线规格（以下简称规格）与导线直径之间关系可以用如下公式来表示：

$$规格 = -9.6954 - 19.8578 \times \lg d$$

式中，d 为导线直径，单位为 in（英寸）。表 3.1 验证了该公式的正确性。

表 3.1　导线规格及相关尺寸

规　格	直径/in	面积/in^2	规　格	直径/in	面积/in^2
0000	0.460000	0.1661901110	19	0.035890	0.0010116643
000	0.409600	0.1317678350	20	0.031960	0.0008022377
00	0.364800	0.1045199453	21	0.028460	0.0006361497
0	0.324900	0.0829065680	22	0.025350	0.0005047141
1	0.289300	0.0657334432	23	0.022570	0.0004000853
2	0.257600	0.0521172188	24	0.020100	0.0003173084
3	0.229400	0.0413310408	25	0.017900	0.0002516492
4	0.204300	0.0327813057	26	0.015940	0.0001995566
5	0.181900	0.0259869262	27	0.014200	0.0001583676
6	0.162000	0.0206119720	28	0.012640	0.0001254826
7	0.144300	0.0163539316	29	0.011260	0.0000995787
8	0.128500	0.0129686799	30	0.010030	0.0000790117
9	0.114400	0.0102787798	31	0.008928	0.0000626034
10	0.101900	0.0081552613	32	0.007950	0.0000496391
11	0.090740	0.0064667648	33	0.007080	0.0000393691
12	0.080810	0.0051288468	34	0.006305	0.0000312219
13	0.071960	0.0040669780	35	0.005615	0.0000247622
14	0.064080	0.0032250357	36	0.005000	0.0000196349
15	0.057070	0.0025580278	37	0.004453	0.0000155738
16	0.050820	0.0020284244	38	0.003965	0.0000123474
17	0.045260	0.0016088613	39	0.003531	0.0000097923
18	0.040300	0.0012755562	40	0.003145	0.0000077684

注释：1 in = 25.4 mm。

1. 印制导线的相关计算

印制电路板上的印制导线又被称为连接线，其横截面是长方形的而不是圆形的，可定义以横截面面积为变量的等式，如下所示：

$$规格 = 1.08 + 0.10 \times \lg(l/a)$$

式中，a 为横截面面积，单位为 in^2（平方英寸）；l 为导线长度，单位为 in。

当连接线的横截面面积已知时，通过上式可以计算出等效的导线规格。相反，当连接线规格已知时，通过下式可以计算出连接线的横截面面积：

$$面积 = l/10^{(10 \times 规格 - 10.8)}$$

在导线规格表中常会提供相关规格参数值，通过这些参数值可以估算某一长度导线的电阻值。印制电路板上的连接线电阻值的计算比导线电阻值的计算稍微复杂一些。

每种金属都有一个电阻系数（有时也称为特征电阻），电阻系数、导线长度、横截面面积与电阻之间的关系如下：

$$R = \rho \times l / a$$

式中，R 为电阻，单位为 Ω；l 为导线长度；a 为横截面面积；ρ 为电阻系数，其单位由欧姆和长度单位来表示。纯铜的电阻系数通常为 $\rho = 1.724\ \mu\Omega \cdot cm$ 或 $\rho = 0.6788\ \mu\Omega \cdot cm$，用该参数可以计算出任何铜连接线的电阻，即用电阻系数除以连接线的横截面面积并乘以连接线长度。

但是必须注意，电阻系数会随温度的变化而变化，通常所给的电阻系数为 20℃时的电阻系数。因此，用该电阻系数计算出的电阻值为 20℃环境温度下的电阻。连接线的电阻随温度的变化可用下式表示：

$$R_2 / R_1 = 1 + 0.00393 \times (T_2 - T_1)$$

式中，R_1 和 T_1 分别为基准电阻和基准温度（单位为℃）；T_2 为新温度；R_2 是在新温度下的电阻。

2. 锡铅层对导线电阻的影响

常用的电路板表面处理工艺是热风整平，即在铜导体表面覆盖一层锡铅合金。

我们知道，任何导体的电阻都是其电阻系数的函数，在分析时可将连接线和焊锡层视为并联导体。假设焊锡层和连接线具有相同的宽度和长度，只需考虑连接线和焊锡层的厚度。

铜的电阻系数为 $1.724\ \mu\Omega \cdot cm$，而锡的电阻系数为 $11.5\ \mu\Omega \cdot cm$，比铜的电阻系数高出 6.7 倍。铅的电阻系数为 $22\ \mu\Omega \cdot cm$，比铜的电阻系数约高出 13 倍。因此，根据焊锡中锡和铅的含量比例，焊锡层的电阻系数约比相同厚度的铜连接线的电阻系数高 10 倍。

由于导体之间的分流大小与电阻成反比，在相同厚度的铜线和焊锡层下，约 90%的电流流过铜线，剩余的电流通过焊锡层。因此，通常在非精确测量时，可以忽略焊锡层对连接线电阻和电压降的影响。

3.1.3 电容和电感

1. 电容

电容是指在给定电压下自由电荷的储存量，表示了在给定电压下电容器储存电荷的能力。两个相互靠近的导体，中间夹一层不导电的绝缘介质，这就构成了电容器。当在电容器的两个极板之间加上电压时，电容器就会储存电荷。电容在数值上等于一个导电极板上的电荷量与两个极板之间的电压之比，其基本单位是法拉（F）。

电容器的电压阶跃响应可用一个时间函数来描述，当电容器刚刚加压时，大量电流流入电容器建立电场，流入电容器的初始电流比较大，电压/电流的值非常小，因此，在很短的时间内电容器就像一个短路器。经过一段时间后电压/电流的值开始变大，电流逐渐减小直并趋于零，这时电容器像开路一般。最后当电容器的电场完全建立之后，只有一小部分由于电容器中的介质绝缘不好而形成的漏电流，电压/电流的值非常大。

可将印制电路板基材与两面的印制导线看作一个电容器，其电容（C）可用平板电容器的公式来粗略地计算如下。

$$C = 0.886\varepsilon_r A/b \,(\text{pF})$$

式中，A 表示两面导线重叠的面积（mm^2）；b 表示层压板电介质厚度（mm）；ε_r 表示层压板的相对介电常数。同一平面上相邻导线之间的分布电容的计算是相当复杂的。

2. 电感

电感是闭合回路的一种属性。当电流通过线圈后，会在线圈中形成磁场感应，感应磁场又会产生感应电流来抵制线圈中通过的电流，这种电流与线圈的相互作用关系被称为电感，其单位为亨利（H）。

有电流存在的地方就有电感，电流流动产生磁场，磁场的能量是由驱动电流提供的。当供电电压刚刚加到电感器上时几乎没有电流流过，此时电压/电流的值非常大，在很短的一段时间内，电感器好像开路一样；随着电压/电流的值开始下降，最后电压值几乎降至零，电感器好像短路器一样，最后，当电感器的磁场环境完全建立起来之后，对限制电流大小起主要作用的是电感器自身存在的电阻，电压/电流的值极小。

印制导线可以近似地被看作矩形导线，其电感的计算公式如下：

$$L = 2l \times \left(\ln \frac{2l}{W} + 0.5 + 0.2235 \frac{W}{l} \right) \,(\text{nH})$$

式中，L 表示走线的电感（PCB 走线的电感与覆铜厚度无关）；l 表示导线长度（cm）；W 表示导线宽度（mm）。

从以上对数关系可以看出，如果 PCB 走线长度减少一半，则电感也减少一半，但走线宽度必须增加 10 倍才能减少一半电感。

3.1.4　特性阻抗

在高速数字电路中，可以把印制导线看作传输线。常用的印制电路板传输线是微带线和带状线。

传输线最重要的特性是特性阻抗（Z_0）。所谓特性阻抗是指无限长的（相对于被传输信号波长而言）传输线的特性阻抗。

1. 表层微带线的特性阻抗

表层微带线是在接地层上由电介质隔开的印制导线。印制导线的厚度、宽度、印制导线与地层的距离，以及电介质的介电常数决定了微带线的特性阻抗。表层微带线如图 3.1 所示。

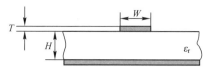

图 3.1　表层微带线

$$Z_0 = \frac{87}{\sqrt{\varepsilon_r + 1.41}} \ln\left[\frac{5.98H}{0.8W + T}\right]$$

式中，Z_0 表示表层微带线的特性阻抗（Ω）；W 表示印制导线宽度（in）；T 表示印制导线厚度（in）；H 表示电介质厚度（in）；ε_r 表示印制电路板电介质的相对介电常数。

2. 埋入微带线

当覆盖在导线上的介质层厚度超过 0.025 mm 时，特性阻抗的计算方法请参见标准 IPC-D-317；当覆盖在导线上的介质层厚度小于 0.025 mm 时，其特性阻抗请参照标准 IPC-2221 的 Table6-2。埋入微带线如图 3.2 所示。

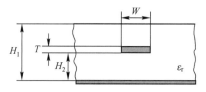

图 3.2　埋入微带线

3. 层间带状线

层间带状线是两个接地层之间的印制导线，其特性阻抗与印制导线的宽度、厚度、电介质的介电常数以及两个接地层之间的距离有关。层间带状线如图 3.3 所示。

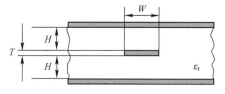

图 3.3　层间带状线

层间带状线特性阻抗的计算方法如下：

$$Z_0 = \frac{60\ln\left[\frac{1.9(2H + T)}{(0.8W + T)}\right]}{\sqrt{\varepsilon_r}}$$

式中，Z_0 表示带状线的特性阻抗（Ω）；W 表示印制导线宽度（in）；T 表示印制导线厚度（in）；H 表示导线与接地层之间的距离（in）；ε_r 表示印制电路板电介质的相对介电常数。

4. 非对称带状线

非对称带状线如图 3.4 所示，其特性阻抗的计算方法如下：

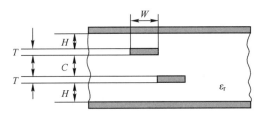

图 3.4　非对称带状线

$$Z_0 = \dfrac{80\ln\left[\dfrac{1.9(2H+T)}{(0.8W+T)}\right] \cdot \left[1-\dfrac{H}{4(H+C+T)}\right]}{\sqrt{\varepsilon_r}}$$

式中，Z_0 表示非对称带状线的特性阻抗（Ω）；W 表示印制导线宽度（in）；T 表示印制导线厚度（in）；H 表示导线与接地层之间的距离（in）；ε_r 表示印制电路板电介质的相对介电常数。

3.1.5　传输延迟

对于低频电路，电信号的传输延迟可以不予考虑。但在高频传输线中，由于电介质的损耗，造成传输延迟，从而影响传输信号的波形。传输延迟主要取决于印制电路板的相对介电常数 ε_r。

微带线的传输延迟可用下式近似计算：

$$T_d = 3.33\sqrt{0.475\varepsilon_r + 0.67}\quad(\text{ns/m})$$

带状线的传输延迟可用下式近似计算：

$$T_d = 3.33\sqrt{\varepsilon_r}\ (\text{ns/m})$$

3.1.6　衰减与损耗

高频传输线的衰减与损耗主要由印制导线的集肤效应、介质损耗和电能辐射产生。为了减小集肤效应损耗，应采用介电常数较低的基材；在给定特性阻抗的情况下，使用较宽的印制导线。

为了减小介质损耗，应采用高频性能好的覆箔板，其介质损耗角 tanδ 值应较小，例如，聚四氟乙烯材料、ROGERS 板材、高频高速板材等。

为了减小辐射损耗，应在印制电路板的一面设置接地层并减小介质厚度，如果不能设置接地层，至少也要使信号线靠近地线。

3.2 载流量

3.2.1 载流量的估算

载流量是在规定条件下，载流导线能够连续承载电流而不致使其稳定温度超过规定值的最大电流。载流导线中的电流比信号线中的电流可能要大若干个数量级，因此，在设计载流导线时，要考虑电流产生的温升或热耗，并由此确定导线的宽度与厚度。规定的载流量仅适用于印制电路板及其上面的导线，不考虑任何安装在印制电路板上的元器件的影响，忽略外部热源引起的印制电路板的温升。

载流量主要受印制电路板最高工作温度的限制，也受瞬间大电流如冲击电流的限制，其他如导线熔化或因弯曲或热膨胀引起的机械应力，也可能是一个限制因素。

温度的数值取决于许多因素，例如：

① 电气功耗。

● 单位面积上的功耗；

● 印制电路板上功耗的分布状况。

② 印制电路板的结构要素。

● 印制电路板的尺寸；

● 印制电路板的材料；

● 金属量及其分布情况。

③ 印制电路板的安装方式。

● 安装方位（如水平或垂直安装）；

● 密封情况和离机柜壁的距离；

● 离相邻部件的距离，如印制电路板组装件。

④ 热辐射。

● 印制电路板的表面辐射系数；

● 印制电路板和相邻表面的温差以及它们的绝对温度。

⑤ 安装装置的热传导。

⑥ 热对流。

● 自然对流；

● 强制对流。

上述还不是全部因素，不同因素是相互关联的，大多数因素取决于特定的情况，并且不能一概而论。因此，在特定情况下才进行适当的计算，要得出满意的精确值要经过复杂的计算。

在多数情况下，估算就可以满足要求。本书提供的资料有助于估算温升和电流，即电负荷。这些资料是基于测量和经验得到的。应注意的是，当采用这些资料来估算温度或电流限制时必须包含一些假设、概括和简化，以得出有限的精度。

当估算不能满足要求时，即载流量有局部过热危险时，载流量应通过测量导线加载电流引起的温升来确定。注意：应包含极端工作条件（电气和环境）和使用全组装与全加载的印制电路板。

3.2.2　连续电流

1. 单面板的热耗

对于以铜为导线材料，标称厚度为 1.6~3.2 mm 的单面印制电路板，不同宽度和常用厚度的导线温升与电流之间的关系不考虑附加镀层的影响。

计算热耗的假设条件是：导线间距等于或大于导线宽度，印制电路板垂直安装，非密闭，无吸热，无强制冷却。

为了保证安全，铜箔厚度和导线宽度的正常变化需要降额 10% 进行设计，对于铜箔厚度为 105 μm 的情况，需要再降额 15% 进行设计；有下列情况之一的，建议再降额 15% 进行设计：

- 印制电路板厚度为 0.5 mm（0.020 in）~ 1.5 mm（0.059 in）；
- 使用了敷形涂层；
- 导线间距小于导线宽度。

对于近似平行的导线，如果间距小且彼此接近并加载几乎相等的电流，其温升可通过将所有导线的宽度和电流相加来确定。

2. 双面或多层印制电路板的导线温升

由于双面或多层印制电路板内部温升和不同导电层的热传导比单面印制电路板复杂得多，所以通常采用以下两种估算法来计算。

① 首先估算每个单层的温升，然后把每个单层的温升相加，确定总的温升。

② 按下式计算温升：

$$\Delta T = P/2LW\alpha\ (\text{℃})$$

式中，P 表示印制电路板被计算的面积内的功耗（mW）；L 表示被计算面积的长度（mm）；W 表示被计算面积的宽度（mm）；α 表示热量从印制电路板表面传到空气中的传热系数 $[\text{mW}/(\text{mm}^2 \cdot \text{K})]$。

被计算的印制电路板的面积（LW）是印制电路板功耗最大的区域。如果两相邻印制电路板表面的温度大约相同，则辐射系数可以忽略不计，α 值可以取 $0.006\,\mathrm{mW/(mm^2 \cdot K)}$；如果相邻表面的温度比印制电路板表面的温度低，则传热系数 α 值主要取决于印制电路板表面的辐射系数和印制电路板两面及相邻表面的绝对温度。通常，α 取值为 $0.008 \sim 0.018\,\mathrm{mW/(mm^2 \cdot K)}$。

3.2.3　冲击电流

因电流引起印制电路板上导线的温升取决于导线电阻、电流大小和持续时间以及冷却条件，而冷却条件受基材种类的影响。

因导线过载产生的热量和温升不仅直接影响导线和基材之间的黏结效果，而且大的短路电流和热膨胀也会使导线受到相当大的机械应力。

3.3　绝缘电阻

3.3.1　表面层绝缘电阻

绝缘电阻是由与导电图形有关部分的结构、基材、所采用的工艺方法，以及温度、湿度和表面污染等环境条件所决定的。

在印制电路板表面污染满足 IPC-600F 要求的前提条件下，适当长度的均匀间距的一对导线之间的绝缘电阻可由下列公式计算：

$$R_{\mathrm{is}} = 160 R_{\mathrm{mat}} \times (W/L)$$

式中，R_{is} 表示所选择导线之间预计的最小绝缘电阻；R_{mat} 表示 IEC249-2 标准规定的有关温度下材料的最小绝缘电阻；W 表示两导线间距；L 表示平行导线的长度。

必须注意的是，这样计算出来的是材料的绝缘电阻。由于有很多影响因素，实际上，在标准大气压下测得的绝缘电阻比计算出来的绝缘电阻值低 $10^1 \sim 10^3\,\Omega$。当环境恶劣时，该值会更低。

3.3.2　内层绝缘电阻

对多层板而言，内层所选择导线之间的绝缘电阻是表面电阻和体积电阻之总和，关系复杂，需要时多采用测量法来确定。

第 4 章　PCB 检测

PCB 检测是指在生产过程中对 PCB 的质量控制、最终 PCB 产品性能和使用期（寿命）可靠性等的检测和测试。通过检测和测试去除不良或有缺陷的 PCB 产品，确保 PCB 产品使用期的可靠性。

4.1　PCB 检测项目

4.1.1　外观检查

通过外观检查，人们可以观察到 PCB 表面的某些特性或缺陷，并对其进行评定。例如，空洞和气泡，其实是一种内部现象，但可以从外部进行检查。通过外观检查，也可以发现 PCB 表面有无外观异常，如划痕、颜色变化、污染物、残留物、明显的开路或短路等。

4.1.2　剖切断面显微检查

对于那些需要对试样进行显微切片或其他方法处理后才能检查和进行评定的特性或缺陷，只能采取剖切断面显微检查。在某些情况下，这些特性或缺陷虽然可以从外部观察到，但仍然需要进行显微切片处理，以确定其是否符合可接受条件。例如，对孔壁粗糙度、钻孔异常、镀层缺陷、层间对位异常等的检查。

4.1.3　尺寸检查

尺寸检查包括对 PCB 外形、孔径、孔位置、导线宽度与间距、焊盘等的尺寸，以及位置关系和板面平整度等进行检查。

4.1.4　电气性能测试

电气性能测试包括线路"通""断"或"开""短路"测试、导体电阻测量、绝缘电阻测试和耐电压测试等。

4.1.5　机械性能测试

机械性能测试包括铜箔和镀铜层剥离强度、镀通孔强度、延展性、耐折性、耐弯曲性、阻焊层及文字油墨的附着力和硬度等测试。

4.1.6　老化试验

老化试验包括高低温循环、热冲击、IST 等测试。

4.1.7　其他可靠性测试

其他可靠性测试包括绝缘特性、特性阻抗、耐燃烧性、耐溶剂性、清洁度和可焊性等测试。

4.2　PCB 检测方法

4.2.1　人工目测

人工目测是指使用放大镜或校准的显微镜，利用操作人员视觉检查来确定 PCB 是否合格，并确定什么时候需要进行校正操作。人工目测是最传统、也是最主要的检测方法，其主要优点是成本低，没有测试夹具；其主要缺点是，存在人为主观误差、不能连续发现缺陷、数据收集困难等。目视检测应采用 10 倍以上放大镜完成，如果缺陷不易于显现，则必须采用 40 倍以上放大镜进行检测。对于尺寸检测，例如，对于间距或导线宽度的测量，可以要求采用其他放大倍数的放大镜并配有标线刻度的仪器以达到精确测量的目的。对于镀通孔部位的检测，必须在 100X±50%的放大倍数放大镜下检查铜箔与孔壁镀层的完整性。

4.2.2　自动光学检测

AOI（Automated Optical Inspector，自动光学检测仪）检测基于光学原理，综合采用图像分析、计算机和自动控制等多种技术，对生产中遇到的缺陷进行检测和处理。自动光学检测是较先进的确认制造缺陷的方法，通常用于 PCB 生产过程中内层和外层线路缺陷的检测。此时检测可以及时进行维修或报废，避免最终测试时产生更多的缺陷，可有效降低成本。

4.2.3　电气性能测试

电气性能测试的方法有专用型、泛用型、飞针型、非接触电子束、导电布、电容式及刷测等测试方法。其中，最常使用的设备有三种，分别是专用测试机、泛用测试机和飞针测试机。

4.2.4　专用型测试

专用型的测试之所以称之为专用型，主要是因为其所使用的治具仅适用于一种产品，不同产品的 PCB 无法测试，而且无法回收使用。

4.2.5　泛用型测试

泛用型测试的基本原理是，PCB 线路的板面依据格子（Grid）来设计，所谓线路密度就是指 Grid 的距离，也就是以间距（Pitch）来表示（有时也可以用孔密度来表示），泛用测试依据此原理，根据孔的位置，以 G10 基材作为掩膜（Mask），只有在孔的位置探针才能穿过 Mask 进行电性能测试，因此治具的制作简易而快速，而且探针可重复使用。泛用型测试具有极多测点的标准 Grid 固定大型针盘，可分别按不同产品而制作活动式探针的针盘，当量产时，只要改换活动针盘，就可以对不同料号量产测试。另外，为保证完工的 PCB 线路系统通畅，需要在使用高压电（如 250 V）多测点的泛用型电性能测试母机上，采用特定接点的针盘对 PCB 进行 Open/Short 电性能测试，此种泛用型的测试机被称为自动化测试机。

4.2.6　飞针测试

飞针测试的原理很简单，仅仅需要两根探针在 x、y、z 方向移动来逐一测试各线路的两个端点，因此不需要另外制作昂贵的治具。但是由于是端点测试，因此测速极慢，约为 10~40 point/s，所以较适合样品及小量产的情况；在测试密度方面，飞针测试可适用于极高密度板。

4.2.7　尺寸测量

PCB 外形、孔径、孔位置、焊盘等的尺寸一般采用三次元测试仪进行测量，线宽间距一般采用线宽测量仪进行测量；当需要检测细微尺寸时，还会用到显微镜；PCB 翘曲一般采用翘曲检查机进行测量；铜厚采用铜厚测试仪进行测量；板厚采用长臂测试仪进行测量。

第 5 章 PCB 材料生产流程

5.1 生产流程

PCB 的加工一般是按照 PCB 的结构来制定具体的生产流程的，通常可以划分为双面板生产流程、多层板生产流程和 HDI 板生产流程。

5.1.1 双面板生产流程

双面板生产流程比较简单，如图 5.1 所示。

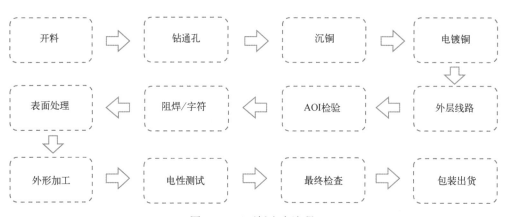

图 5.1 双面板生产流程

5.1.2 多层板生产流程

多层板生产流程相比双面板多了内层线路、棕化／黑化及层压工序，如图 5.2 所示。

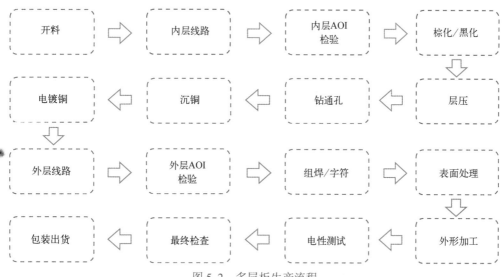

图 5.2　多层板生产流程

5.1.3　HDI 板生产流程

HDI 板由于有盲孔，因此相对多层板增加了激光钻盲孔工序。HDI 板生产流程如图 5.3 所示。

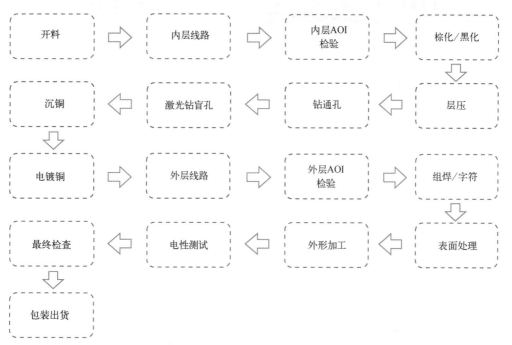

图 5.3　HDI 板生产流程

5.2 生产流程解读

从双面板、多层板和 HDI 板生产流程图可以看出，双面板不用压合，没有层压工序；多层板比双面板多了内层线路和层压工序；而 HDI 板比多层板又多了激光钻盲孔工序，下面以多层板为例详细介绍 PCB 的生产流程。

5.2.1 开料

1. 目的

开料是指将基板原材料厂家生产的大面积（最大面积为 48 in×42 in）基板（见图 5.4）裁切成加工 PCB 厂家生产所需要尺寸的工作板（见图 5.5）。

图 5.4 基板   图 5.5 工作板

2. 工序流程

开料工序流程如图 5.6 所示。

图 5.6 开料工序流程

3. 设备及作用

手动裁板机如图 5.7 所示，其作用是将大基板裁切成所需要的尺寸。

图 5.7　手动裁板机

5.2.2　内层线路

1. 工序流程

内层线路工序流程如图 5.8 所示。

图 5.8　内层线路工序流程

① 前处理：前处理的作用是去除板面的油渍、铬、锌等，并使铜面具有良好的粗糙度，以增加附着力。

② 压膜：使用压膜机（见图 5.9）将干膜均匀覆盖于铜箔基板上，压膜后的基板如图 5.10 所示。

③ 曝光：曝光的原理是使用 UV 光照射，利用影像转移技术使底片上的图形转移到覆盖了干膜的基板上。底片又叫菲林或胶卷（见图 5.11），是黑白相间的。UV 光透过底片的白色区域照射到干膜上，使感光干膜发生聚合反应；UV 光照射到底片的黑色区域被吸收，

从而实现图形转移。内层线路采用的是正像成像技术，即所需要的线路被聚合干膜保护，从而形成图形；底片采用负片，即底片上白色部分为线路，黑色部分为不需要的地方。

图 5.9　压膜机

图 5.10　压膜后的基板

图 5.11　底片

④ 显影：采用 1% 的 Na_2CO_3 冲淋，使未发生聚合反应的干膜溶于碱液中，将残留在板面的干膜屑清除。

⑤ 蚀刻：采用蚀刻液（$CuCl_2$、HCL、H_2O_2）来咬蚀未被干膜覆盖的裸铜，使不需要的铜层被除去，仅留下必需的线路图案。

⑥ 去膜：采用 3% 的 NaOH 将留在线路上的发生聚合反应的干膜完全去除掉。

显影、蚀刻、去膜是在一条生产线上完成的，俗称 DES 连线，如图 5.12 所示，走完这条线，内层线路便制作完成，完后的内层线路如图 5.13 所示。

2. 压膜到去膜生产流程

压膜到去膜生产流程示意图如图 5.14 所示。

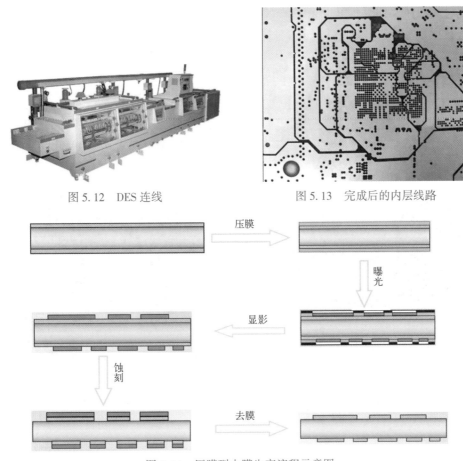

图 5.12　DES 连线　　　　　　图 5.13　完成后的内层线路

图 5.14　压膜到去膜生产流程示意图

5.2.3　内层 AOI 检验

1. 工序流程

内层 AOI 检验工序流程如图 5.15 所示。

图 5.15　内层 AOI 检验工序流程

2. AOI 检验

AOI：Automated Optical Inspector，自动光学检测仪。在 AOI 检验工序流程中，通过光学

反射原理可将图像回馈至 AOI（见图 5.16）处理，通过与设定的逻辑判断原则或资料图形相比较，找出缺陷位置。

3. VRS 确认

VRS：Verify Repair Station，验证维修台，确认系统。

由于 AOI 所用的测试方式为逻辑比较，存在误判的可能性，故需要通过人工加以确认。通过与 AOI 连线，将每块 PCB 的测试资料传给 VRS 确认，由人工对 AOI 的测试误判进行确认。VRS 确认人员不光要对测试误判进行确认，还要对一些可以直接修补的缺陷进行修补。AOI 检验与 VRS 确认如图 5.16 所示。

AOI检验

VRS确认

图 5.16　AOI 检验与 VRS 确认

5.2.4　棕化／黑化

棕化／黑化工序对之前制成的内层板进行铜面处理，其主要目的是为了粗化铜面，增加与树脂接触的表面积，增加铜面对流动树脂的湿润性，使铜面钝化，避免发生不良反应。常见的处理方式有棕化和黑化两种。棕化处理后的 PCB 如图 5.17 所示。

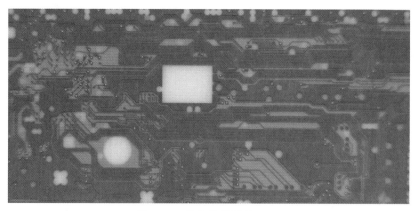

图 5.17　棕化处理后的 PCB

5.2.5　层压

1. 层压工序流程

层压工序流程如图 5.18 所示。

图 5.18　层压工序流程

① 预叠板：通常利用铆钉将多张内层板钉在一起，以避免在后续加工时产生层间滑移。有时也会使用预黏机直接将多张内层板黏结在一起。

② 叠板：将预叠板和铜箔叠成待压多层板形式。

③ 压合：通过压板机（见图 5.19）将事先叠好的板子压合在一起。

④ 后处理：经割剖、打靶、捞边、磨边等工序对压合后的多层板进行初步外形处理，以便达到下工序生产品质控制要求，并提供下工序加工需要的工具孔。层压后的 PCB 如图 5.20 所示。

图 5.19　压板机

图 5.20　层压后的 PCB

2. 层压工序流程示意图

层压工序流程示意图如图 5.21 所示。

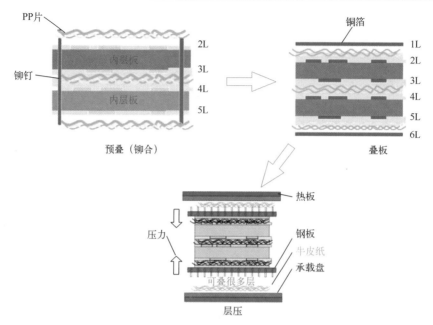

图 5.21 层压工序流程示意图

5.2.6 钻通孔

钻通孔工序流程如图 5.22 所示。

图 5.22 钻通孔工序流程

① 上 pin：对于需要钻的非单片板，预先按叠板数要求钉在一起，以便于钻孔；依板厚度和工艺要求，可以采取两片钻、三片钻或多片钻的方式完成。

② 钻通孔：使用钻孔机（见图 5.23），在 PCB 面上钻出层与层之间线路连接的通孔。在钻孔时 PCB 下面有垫板，上面有盖板。垫板一般采用复合板，在制程中起保护钻机台面、降低钻针温度、清洁钻针沟槽胶渣的作用；盖板一般采用铝片，在制程中起钻头定位、散热、减少毛头、防压力脚压伤的作用。

③ 下 pin：将钻好孔的 PCB 上的 pin 针下掉，取出 PCB。钻完孔的 PCB 如图 5.24 所示。

图 5.23　钻孔机

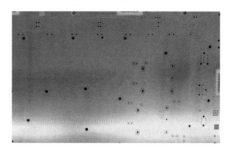

图 5.24　钻完孔的 PCB

5.2.7　沉铜

沉铜工序流程如图 5.25 所示。

图 5.25　沉铜工序流程

① 除胶渣：因在钻孔时产生的高温超过了玻璃化转变温度（T_g 值）而出现熔融状态，产生胶渣。除胶渣是为了裸露出各层需要互连的铜环，使膨松剂可改善孔壁结构，增强电镀铜附着力。

② 沉铜：即化学沉铜，其主要目的是，通过一系列化学处理方法，在非导电基材上沉积一层铜，继而通过后续的电镀方法加厚使之达到设计的特定厚度。沉铜主要是在孔壁上沉积一层化学铜，从而使通孔金属化。图 5.26 所示为沉铜示意图。沉铜的厚度很薄，通常只有 0.3~0.5 μm。

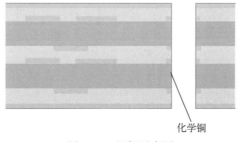

化学铜

图 5.26　沉铜示意图

5.2.8　电镀铜

电镀是指在含有预镀金属的盐类溶液中，以被镀基体金属为阴极，通过电解作用，使镀液中预镀金属的阳离子在基体金属表面沉积出来，形成镀层的一种表面加工方法。

电镀铜可以分为全板电镀和图形电镀两种。从字面上可以看出，对整个印制电路板进行电镀被称作全板电镀；只对需要的图形部分进行电镀被称作图形电镀。

1. 全板电镀

在进行全板电镀时，对完成沉铜的印制电路板直接进行全板电镀，然后采用正像图形完成线路图形（同内层线路的制作方法一样）。全板电镀是一次性将印制电路板的铜厚电镀到要求的厚度。全板电镀线如图 5.27 所示。

图 5.27　全板电镀线

2. 图形电镀

图形电镀在进行电镀前仍需要进行全板电镀，区别在于图形印制的是负像图形，即将线路的空白区进行保护，这样线路就是裸露的铜镀层，再在其上进行图形电镀锡，然后去掉保护膜，再进行蚀刻，这时锡对图形起保护作用，然后再将没有锡层的空白区全部蚀掉，留下的就是印制线路。图形电镀线如图 5.28 所示。

图形电镀生产流程如图 5.29 所示。

① 一次铜：一次铜采用的是全板电镀方式，其的目的是加厚孔铜及面铜的厚度，以保护化学铜不被后制程破坏出现破孔。一般，一次铜厚度为 $8\sim12\ \mu m$。

② 前处理/压膜/曝光/显影：该流程同内层线路，唯一的区别是曝光底片采用的是正片底片（底片上白色部分为不需要的地方，黑色部分为线路）。

③ 二次铜：补足一次铜孔铜及面铜线路厚度，以达到客户要求。

④ 镀锡：在镀完二次铜的表面上镀一层锡保护，作为蚀刻时的保护剂。

⑤ 去膜：将抗电镀用途的干膜去掉。

⑥ 线路蚀刻：将非导体部分的铜蚀刻掉。

⑦ 剥锡：将导体部分的起保护作用的锡剥掉。

图 5.28　图形电镀线

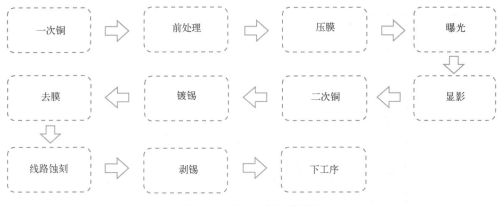

图 5.29　图形电镀生产流程

5.2.9　外层线路

① 全板电镀下的外层线路生产流程：同内层线路的生产流程。

② 图形电镀下的外层线路生产流程：在该流程中，线路加工和电镀铜是交叉在一起完成的，从图形电镀曝光到剥锡的生产流程示意图如图 5.30 所示，外层蚀刻线路后的 PCB 如图 5.31 所示。

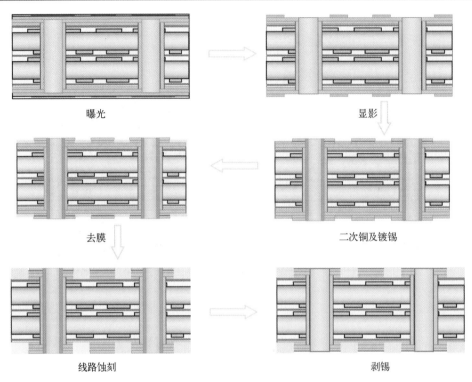

曝光　　　　　　　　　　　　　　显影

去膜　　　　　　　　　　　　　　二次铜及镀锡

线路蚀刻　　　　　　　　　　　　剥锡

图 5.30　从图形电镀曝光到剥锡的生产流程示意图

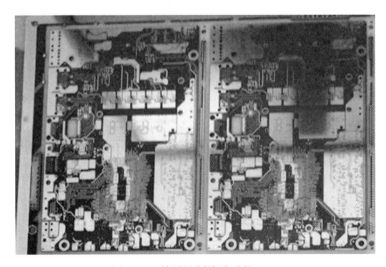

图 5.31　外层蚀刻线路后的 PCB

5.2.10　外层 AOI 检测

外层 AOI 检测完成对外层线路的检验，该工序流程同内层线路 AOI 检验。

5.2.11　阻焊 / 字符

1. 阻焊工序流程

阻焊工序流程如图 5.32 所示。

图 5.32　阻焊工序流程

① 前处理：去除表面氧化物，增加板面粗糙度，加强板面油墨附着力。
② 涂覆阻焊：在 PCB 上涂覆阻焊油墨，通常有丝网印刷、淋幕、静电喷涂 3 种涂覆方式。
● 丝网印刷：如图 5.33 所示，通过丝印机的刮刀刮挤出适量的阻焊油墨，透过丝网在 PCB 面上涂上一层均匀的阻焊油墨。丝网印刷设备成本低，工艺简单，对制板类型的适用性好，可以满足各种高难度要求，但对操作人员有一定的技术要求。

图 5.33　丝网印刷

- 淋幕：如图 5.34 所示，使用淋幕机让 PCB 以一定的速度通过幕状落下的阻焊油墨而被涂覆。淋幕的优点是效率高，操作简单。但是，由于淋幕出来的阻焊层较厚，不适用于薄阻焊层的制作；另外，对于多品种阻焊层的小批量涂覆不太适合（更换阻焊油墨前需要将阻焊油墨循环系统洗净，费时且不经济），因此目前逐渐被取代。

图 5.34　淋幕

- 静电喷涂：利用高压静电电场使带负电的阻焊油墨微粒沿着与电场相反的方向定向运动并将阻焊油墨微粒吸附在 PCB 表面的一种喷涂方法，如图 5.35 所示。静电喷涂设备成本较高，工艺简单，操作简单，但是对于多品种阻焊层的小批量涂覆不太适合。

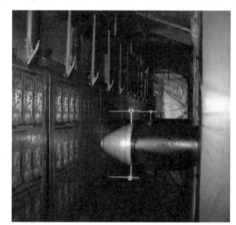

图 5.35　静电喷涂

③ 预烘烤：赶走油墨内的溶剂，使油墨部分硬化，以免在进行曝光时粘底片。

④ 曝光：原理与内层线路的曝光原理相同，采用正像成像技术使底片上的图形转移到

覆盖了感光阻焊油墨的 PCB 上。

⑤ 显影：将未聚合的感光阻焊油墨利用浓度为 1%的碳酸钠溶液去除掉。

⑥ 烘烤：对板面的阻焊油墨进行高温固化，以增强其表面硬度、耐热冲击性能和抗化学性能。

2. 字符工序流程

字符工序流程如图 5.36 所示。

图 5.36 字符工序流程

字符工序采用丝网印刷的方式，原理与阻焊工序流程中的丝网印刷相同。

3. 阻焊／字符流程后的 PCB

阻焊／字符流程后的 PCB 如图 5.37 所示。

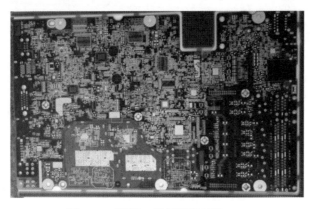

图 5.37 阻焊／字符流程后的 PCB

5.2.12 表面处理

常见的 PCB 表面处理工艺有 HASL、OSP、沉金、沉银、沉锡和镀金手指等。这里我们主要介绍一下 HSAL、OSP、沉金和镀金手指这 4 种最常见的表面处理工艺的工序流程。

1. HSAL

HSAL：Hot Air Solder Leveling，热风焊料整平，俗称喷锡。喷锡是将 PCB 直接浸入熔融状态的铅锡中，再经过热风整平后，在洁净的铜面上覆盖上一层薄薄的铅锡（参考厚度为 1~25 μm）。喷锡的主要作用是防止裸铜面被氧化，确保铜面的焊锡性。

（1）喷锡方式

① 垂直喷锡：垂直将 PCB 浸入熔锡炉中，再将多余锡铅以高压空气将其吹除。垂直喷锡主要有以下缺点。

- PCB 上下受热不均，后进先出，容易出现板弯／板翘的缺陷。
- 焊盘上锡厚度不均匀，由于热风吹刮力和重力的作用，使得焊盘的下缘出现锡垂现象，使 SMT 表面贴装零件不易贴稳，容易造成焊后零件的偏移或立碑现象。
- PCB 上的裸铜焊盘与孔壁和焊锡接触时间较长，一般大于 6 s，使熔锡炉中的铜含量增长较快，铜含量的增加将直接影响焊盘的焊锡性，因为生成的 IMC 层太厚，使 PCB 的保存期大大缩短。

② 水平喷锡：使 PCB 水平通过熔锡炉，然后通过热风整平。水平喷锡与垂直喷锡相比有如下优点：

- 熔融的锡与裸铜接触时间较短，约为 2 s，IMC 厚度较薄，保存期较长。
- 沾锡时间短，约为 1 s。
- PCB 受热均匀，机械性能保持良好，板翘少。

（2）喷锡工序流程

喷锡工序流程如图 5.38 所示。

图 5.38　喷锡工序流程

① 前处理：主要是进行微蚀铜面清洗，同时将附着在铜面上的有机污染物除去，使铜面清洁，和熔锡有效接触，迅速生成 IMC。均匀的微蚀会使铜面具有良好的焊锡性。在水洗后，用热风快速吹干。

② 预热/助焊剂涂覆：预热带一般是上、下各一根红外加热管，当板面温度达到 130~160℃之时进行助焊剂涂覆。当进行双面涂覆时可以用盐酸作为活化的助焊剂。预热工序放在助焊剂涂覆之前可以有效防止预热段金属部分不会因为滴上助焊剂而生锈或被烧坏。

③ 水平喷锡：PCB 通过水平传输轮滚动传输通过熔锡槽，停留时间约为 2 s。熔锡槽里使用的是 Sn63Pb37 组成的焊锡合金，温度维持在 260℃左右。

④ 热风整平：采用上下风刀劲吹，风刀与垂直方向呈 2~5°倾斜角，有利于吹去孔内的锡及板面上的锡堆。

⑤ 冷却/后处理：冷却方法是，先用冷风在气床上由下向上吹，而将板面浮起，下表面先冷却，继续在转轮承载区用冷风从上至下吹。后处理主要是进行清洁水洗，目的是将残留的助焊剂及杂质清洗掉。

2. OSP

OSP：Organic Solderability Preservatives，有机保焊剂，又称有机保焊剂、护铜剂、铜面抗氧化剂等，业界亦称有机涂覆。OSP 是在 PCB 制作过程中，为了保持焊接点铜面具有良好的焊锡性能而进行的一种表面处理。

（1）OSP 的作用及优缺点

① OSP 的作用：能够抵挡湿气的攻击，能够经得起高温的考验，能保持良好的活性，易被助焊剂溶解与破坏，从而保持良好的上锡能力。

② OSP 的优点：OSP 制程简单，为水溶液体系，反应温度低。与喷锡相比，低毒，环保，不会因高温产生对 PCB 的冲击，能保持焊垫平整，能经受多次 IR 再流焊接。

③ OSP 的缺点：OSP 膜极薄，一般只有 $0.15~0.5\ \mu m$，因此很容易被划伤；同时裸露在空气中又极易被氧化，影响焊锡性。因此对于生产时间要求极高，一般从拆开 PCB 包装到 SMT 贴片完成必须控制在 24 h 之内。

（2）OSP 的反应原理

有三大类 OSP：松香类（Rosin）（早些年简单板采用，直接进行波峰焊接）、活性树脂类（Active Resin）（早些年简单板采用，直接进行波峰焊接）和唑类（Azole）。目前使用最广的是唑类 OSP。唑类 OSP 已经经过了约 5 代的改善，目前绝大多数唑类 OSP 都是第 5 代唑类 OSP。5 代唑类的名称分别为 BTA、IA、BIA、SBA 和最新的 APA。唑类有机物在酸性溶液中能离解（H^+ 的离去），从而成了孤对电子对，经过前处理的铜面，在 OSP 主槽中就形成了 Cu（$3d^{10}4s^1$）、Cu^+ 及 Cu^{2+} 不同形态的铜，Cu^+ 的 $3d^{10}$ 轨道与孤对电子对通过配位键形成有机可焊性膜。

（3）OSP 工序流程

OSP 工序流程如图 5.39 所示。

图 5.39　OSP 工序流程

① 前处理：主要完成酸洗、水洗加微蚀处理，其目的是去除铜面轻微氧化物及污染物，同时粗化铜面，使铜面与 OSP 层更好地结合。

② OSP：主成分是苯基三连唑和甲酸，其作用是使铜面形成一层有机保护膜，防止铜面被氧化。

③ 后处理：主要进行水洗和烘干。

3. ENIG

ENIG：Electroless Nickel Immersion Gold，化镍金、沉镍金或者无电镍金。ENIG 通过化学反应，在铜的表面置换钯，再在钯核的基础上采用化学方式镀上一层镍磷合金层，然后再通过置换反应在镍的表面镀上一层金，简称沉金。

沉金工序流程如图 5.40 所示。

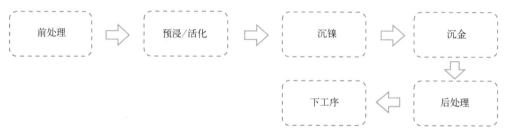

图 5.40　沉金工序流程

① 前处理：主要完成酸洗加微蚀处理，目的是去除铜面轻微氧化物及污染物，同时粗化铜面，使铜面与镍层更好地结合。

② 预浸/活化：在化镍活化添加剂的作用下，在铜面置换一层钯，作为化镍反应的媒介。

③ 沉镍：在活化后的铜面上镀上一层镍磷合金，作为阻绝金与铜之间的迁移或扩散的屏蔽层。

镍槽药水主要成分及作用如表 5.1 所示。

表 5.1　镍槽药水主要成分及作用

成　　分	作　　用
硫酸镍	提供镍离子
次磷酸二氢钠	使镍离子还原为金属镍
错合物	形成镍错离子，防止氢氧化镍和亚磷酸镍的生成
pH 值调整剂	维持适当 pH 值
安定剂	防止镍在胶体离子或其他微粒子上还原
添加剂	增加被镀物表面的负电位，增加还原效率

化学原理如下：

$H_2PO_2^- + H_2O \rightarrow H_2PO_3^{2-} + 2H^+ + 2e^-$　//次磷酸根氧化释放电子（阳极反应）

$Ni^{2+} + 2e^- \rightarrow Ni$　//镍离子得到电子被还原成金属镍（阴极反应）

$2H^+ + 2e^- \rightarrow H_2\uparrow$　//氢离子得到电子被还原成氢气（阴极反应）

$H_2PO_2^- + e^- \rightarrow P + 2OH^-$　//次磷酸根得到电子析出磷（阴极反应）

④ 镍层厚度：一般为 $3.0 \sim 8.0\,\mu m$。

⑤ 沉金：在镍层表面镀上一层金，用于保护镍层不被氧化。金具有良好的可焊性、耐氧化性、抗蚀性、接触电阻小、合金耐磨性好等特点。

金槽药液主要成分及作用如表 5.2 所示。

表 5.2　金槽药液主要成分及作用

成　分	作　用
氰化亚金钾 $KAu(CN)_2$	提供 $Au(CN)_2^-$ 错离子来源，在镍面置换沉积出金层
有机酸	防止镍表面钝化并与溶出的 Ni^{2+} 结合成错离子
螯合剂	抑制金属污染物（减少游离态的 Ni^{2+} 和 Cu^{2+} 等）

化学原理如下：

$Ni \rightarrow Ni^{2+} + 2e^-$　//阳极反应

$Au(CN)_2^- + e^- \rightarrow Au + 2CN^-$　//阴极反应

金层厚度一般为 $0.05 \sim 0.152\,\mu m$

⑥ 后处理：主要进行水洗和烘干处理，去除板面及孔内残留的药液，避免污染板面。

4. 镀金手指

镀金手指采用镀硬金工艺。镀金又称电镀镍金、电金，其原理是将镍和金溶于化学药水中，将 PCB 浸于电镀缸中并通上电流，从而可在电路板的铜面上生产镍金镀层。电镍金因其镀层硬度高、耐磨损、不易氧化等特点而被广泛用在金手指工艺中。

① 镀金手指工艺流程：基本与沉金工艺流程相同，区别在于镀金需要通电，沉金不需要通电。

② 镀金厚度：镍层厚度 $\geqslant 3.0\,\mu m$，金层厚度 $\geqslant 0.76\,\mu m$。

③ 镀金和沉金的区别如表 5.3 所示。

表 5.3　镀金和沉金的区别

项　目	沉　金	镀　金
原理	化学沉积	电解原理
外观	金黄色	比沉金颜色浅
	无电金引线	有电金引线

续表

项 目	沉 金	镀 金
厚度	薄	厚
可焊性	好	差
耐磨性	差	好

5.2.13 外形加工

外形加工就是使用铣板机（见图 5.41）将 PCB 裁切成客户需要的规格尺寸。

图 5.41　铣板机

1. 外形加工工序流程

外形加工工序流程如图 5.42 所示。

图 5.42　外形加工工序流程

① 上板：将需要铣板的 PCB 用销钉固定在铣板机的机台上。

② 铣板：设定好铣板程式，铣出所需要尺寸的 PCB。

③ 下板：将铣好的 PCB 从机台上拿下。

④ 清洗：使用清洗机清洗 PCB。

2. 铣前和铣后 PCB

铣前和铣后 PCB 如图 5.43 所示。

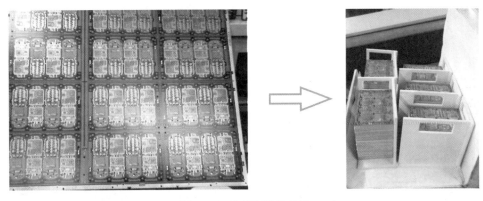

图 5.43　铣前和铣后 PCB

5.2.14　电性能测试

电性能测试的主要任务是，通过对线路的通断测试检测出电性能不良的 PCB，从而挑选出合格的 PCB。电性能测试方法及设备在第 4 章中有详细的介绍，这里就不再赘述。

5.2.15　最终检查

最终检查是 PCB 制程中最后的品质查核工序，检查的主要项目有：
● 外观检查；
● 尺寸检查；
● 可靠性检查。
这些检查方法在第 4 章中有详细的介绍，这里不再赘述。

5.2.16　包装出货

包装出货工序流程如图 5.44 所示。

图 5.44　包装出货工序流程

① 点数/分堆：将最终检查完的 PCB 按型号、周期、包装数量点验清楚并分堆放置。

② 包装：采用真空包装机将清点好的 PCB 进行抽真空包装，如图 5.45 所示。

图 5.45　真空包装

③ 贴内标签：将事先已经打印好的标签（内容包括型号、周期、一包中的数量、名称等）贴在包装袋上。

④ 装箱：按规定要求将 PCB 装进包装箱。

⑤ 贴外标签：将外标签（内容包括一箱中 PCB 的数量、型号、周期以及生产公司名称等）贴在包装箱上。

⑥ 入仓/出货：将装箱的 PCB 放入仓库或按客户要求出货。

第6章 分层爆板失效案例分析

6.1 超存储期 PCB 失效分析

6.1.1 概述

对于存储期而言，在一般的室温环境条件下密封包装，沉金、OSP、HASL 板的有效存储时间为半年，而沉银、沉锡板的有效存储时间为 3 个月。存储的过程是一个缓慢老化的过程，其间 PCB 表面由于受环境中的温度或湿度的影响而出现不同程度的氧化或者劣化现象，最终会影响其可焊性能。由于市场需求的波动，经常会造成 PCB 超保质期的情况。如果直接报废光板，往往会给企业带来巨大的经济损失，但直接使用超期板又会带来巨大的质量风险。所以有必要对超期 PCB 可靠性进行研究，为企业超期 PCB 的使用提供指导方法。

6.1.2 试验条件

试验 PCB 样品总共 285 pcs，选取的 12 层沉金板存储期为 26 个月，OSP 板存储期为 14 个月。所有试验样品需先在 120℃ 下烘板 4 h（吸水性项目测试除外），试验方案如表 6.1 所示。

表 6.1　试验方案

序号	试验项目	样品数量/pcs	试验方法
1	吸水性测试	25	120℃下烘烤 4 h，测试前后质量，计算吸水率
2	ΔT_g（玻璃化转变温度变化）测试	25	测试过炉前后 ΔT_g
3	T288 测试	25	抗爆时间测试
4	镀层、阻焊附着力测试	50	测试过炉前后的附着力

序号	试 验 项 目	样品数量/pcs	试 验 方 法
5	光板过炉测试	50	光板过炉 3 次，采用无铅焊接温度曲线
6	可焊性测试	50	浸锡测试可焊性，切片观察 IMC 层
7	热应力测试	60	钎料槽温度为 288℃，样品浸入深度为 25 mm；浸入时间为 10 s，重复 5 次，取出冷却后进行外观检查并进行显微切片，检查 PTH 内、层间、基材、铜箔与基材之间是否出现起泡或分层等缺陷

6.1.3 试验结果

1. 吸水性测试

① 制样：在板内任意取 3 cm×3 cm 作为样品，将样品四周边缘用砂纸打磨光滑，不允许有毛刺。

② 测试：用电子天平称其质量，精确至 0.1 mg，用 m_1 表示；在 120℃下烘板 4 h，然后将样品取出冷却至室温；再次称其质量，精确至 0.1 mg，用 m_2 表示。

③ 评估方法：吸水率 = $(m_1 - m_2)/m_2 \times 100\%$

④ 测试结果：拿 25 pcs 光板进行吸水率测试，结果全部合格，说明超期对板材吸水率影响不大，吸水率测试结果如表 6.2 所示。

表 6.2 吸水率测试结果

检测项目	数量/pcs	要　　求	检测数据	结　　果
吸水率	25	0.50%	0.04%~0.13%	通过

2. ΔT_g 测试和 T288 测试

① 制样：任意选取外层平整区域，其直径约为 2~4 mm，其质量为 15~25 mg；选择各层含铜区域（尺寸大小可依据实际情况缩小）。将样品四周边缘用砂纸打磨光滑，不允许有毛刺。

② 测试方法：烘板条件变更为在 120℃下烘板 4 h，根据 IPC-TM-650 2.4.24 标准要求进行测试。

③ 评估方法：ΔT_g 标准要求为小于等于 3℃，如果 ΔT_g 超过标准（3℃）则为不合格；T288 标准要求为大于等于 5 min，如果测试结果小于 5 min 则为不合格。

④ 测试结果：对 25 pcs 光板进行 ΔT_g 和 T288 测试，结果 ΔT_g 测试有 18 pcs 不合格，T288 测试有 7 pcs 不合格。说明超期对板材的 ΔT_g 和 T288 影响很大，ΔT_g 测试和 T288 测试详见表 6.3。这是因为当 PCB 超期时，PCB 中的树脂吸水较多（超期 PCB 的水分主要来自储

存环境），水分会转化成树脂中的可塑剂，不但造成 T_g 下降而且会让橡胶态提早到来（从表 6.3 中可以看出，序号为 1～15 的样品正常 T_g 应该是 150℃，现已经降低到 122.52～132.54℃；序号为16～25 的样品正常 T_g 应该是 175℃，已经降低到 146.23～158.02℃），这将引发 Z 轴方向瞬间肿胀而快速开裂（此现象在 100℃到 T_g 之间最容易发生）。

表 6.3　ΔT_g 测试和 T288 测试

序号	T_g/(℃)	ΔT_g/(℃)	T288/min
1	128.76/129.08	0.32	6.62
2	125.52/128.66	3.14	4.02
3	125.16/129.74	4.58	4.47
4	124.43/130.78	6.35	6.10
5	127.49/129.27	1.78	4.04
6	130.14/132.54	2.40	4.87
7	128.48/131.53	3.05	4.04
8	123.64/130.00	6.36	5.44
9	128.63/131.35	2.72	6.59
10	127.96/130.61	2.65	8.11
11	131.43/130.95	0.48	3.58
12	123.50/130.62	7.12	3.69
13	123.34/128.78	5.44	5.13
14	127.22/129.72	2.50	6.81
15	122.52/129.49	6.97	5.74
16	146.72/153.62	6.90	21.81
17	149.26/157.03	7.77	22.07
18	150.76/158.02	7.26	22.59
19	146.23/157.56	11.33	22.33
20	146.62/155.01	8.39	21.59
21	148.43/156.17	7.74	22.98
22	149.00/154.97	5.97	25.45
23	146.99/156.33	9.34	21.69
24	148.22/155.59	7.37	22.07
25	148.58/156.78	8.20	22.60

3. 附着力测试

① 将样品表面用乙醇洗净并晾干。

② 用手指将测试胶带（0.5 in 宽，2 in 长）垂直压在被测面上，用力排除胶带内全部空气使胶带内无气泡，放置 1 s。

③ 用手加一个与被测面垂直的力，迅速把胶带拉下。

④ 观察胶带并做记录。

⑤ 在试样的不同位置上重复步骤②~④至少两次，在进行每一次测试时必须使用新胶带。

⑥ 评估方法：胶带上不能有被测物粘在其上的痕迹。

⑦ 测试结果：分别取 25 pcs 超期光板进行阻焊层和镀层附着力测试，结果都满足标准要求。附着力测试结果如表 6.4，说明超期对阻焊层和镀层附着力影响不大。

表 6.4　附着力测试结果

项　目	样品数量/pcs	测 试 结 果	备　注
阻焊层附着力	25	合格	镀层及阻焊层无剥离现象
镀层附着力	25	合格	

4. 可焊性测试和光板过炉测试

可焊性测试和光板过炉测试如表 6.5 所示。采用如图 6.1 所示的无铅再流焊接温度曲线对 50 pcs 超期光板进行过炉测试，观察光板外观无异常；但随后在进行波峰焊接时，发现在大铜箔之间的基材区出现白斑。再流焊接后白斑如图 6.2 所示。

表 6.5　可焊性测试和光板过炉测试

项目	条　件	样品数量/pcs	结　果
光板过炉	OSP 板无铅再流焊接	25	过 3 次无铅再流焊接炉后外观无异常，但随后过波峰焊后，在大铜箔之间的基材区有 15 pcs 样品出现有白斑
	沉金板无铅再流焊接	25	
可焊性	OSP 板无铅锡炉，265℃	25	浸锡后检查外观，沉金板和 OSP 板上锡效果都不好，有 20 pcs 样品的 BGA 区域焊盘不上锡
	沉金板无铅锡炉，265℃	25	

同时，再取 50 pcs 光板进行无铅可焊性测试，发现 BGA 区域有不上锡的现象，可焊性不润湿如图 6.3 所示。对超期存储的 PCB 而言，可采用烘板的办法来降低贴装中的吸湿分层风险，但是，高温环境又将进一步加速表面处理的老化、劣化，将带来可焊性方面的风险。尤其是在沉金板中，作为焊接镀层的镍比较容易氧化，在长期存储过程中会迁移至金层或者因镀金层不致密而引起氧化，导致可焊性不良。在实际生产应用中，笔者所在企业对存储期超过 6 个月少于 24 个月的沉金板，每次上线前在 120℃下烘板 4 h，焊接效果良好；对于存储期超过 4 个月少于 12 个月的 OSP 板，将返还给 PCB 制板厂进行去 OSP 膜处理，然后重新镀 OSP 膜后再使用，焊接效果也良好。这说明在一定超期时限内，通过烘烤或者重新镀膜的方式，可以解决组装过程中分层和可焊性的问题。

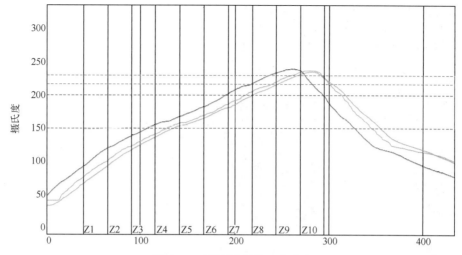

图 6.1　无铅再流焊接温度曲线

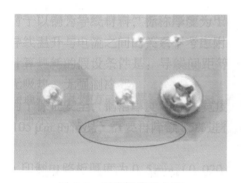

图 6.2　再流焊接后白斑

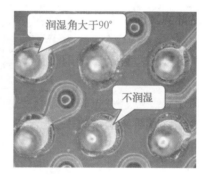

图 6.3　可焊性不润湿

5. 热应力测试

对 60 pcs 热应力试验板进行外观查看及切片分析，完成热应力测试后，观察板外观没发现分层起泡现象，但在对其进行切片分析时，发现存在孔焊盘翘起、树脂收缩、孔壁与内层分离、角裂等缺陷，热应力切片如图 6.4 所示。这些缺陷的产生原因是 PCB 存储时间长，板内吸湿，过再流焊接炉前单纯烘烤无法将湿气排除干净，在高炉温下，便造成孔焊盘翘起、树脂收缩、孔壁与内层分离等严重缺陷。孔焊盘翘起会引起开路等质量问题；树脂收缩、孔壁与内层分离将给离子迁移提供通道，容易造成短路等质量问题。另外，这些缺陷单纯从外观很难发现，一般需要通过破坏性切片分析才能发现，因此，隐性风险极大。

6.1.4　结论

经过吸水性测试、ΔT_g（玻璃化转变温度变化）测试、T288 测试、镀层和阻焊附着力测

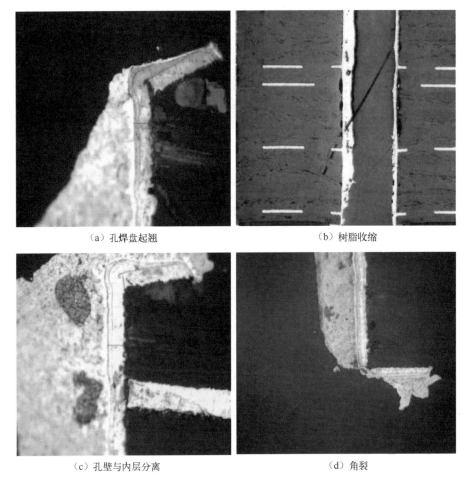

（a）孔焊盘起翘 　　　　　　　（b）树脂收缩

（c）孔壁与内层分离 　　　　　　　（d）角裂

图 6.4　热应力切片

试、可焊性测试、热应力测试、光板过炉测试 7 项测试，主要得出如下结论：

① 超期板吸水性测试结果数值偏大，但在规格要求范围内，说明超期对 PCB 板材的吸水性影响不大。

② 超期板的 ΔT_g 和 T288 测试结果超出标准要求，在 PCB 过再流焊接炉时容易造成分层爆板。

③ 超期板镀层、阻焊附着力测试符合标准要求，说明超期对 PCB 的镀层、阻焊附着力影响不大。

④ 超期沉金板和 OSP 板可焊性测试不合格，存在不可焊现象，焊接不良严重影响单板性能。

⑤ 超期沉金板在进行波峰焊接时，在大铜箔之间的基材区出现白斑问题，说明超期吸潮对于波峰焊接质量有影响。

⑥ 热应力测试后 PCB 外观没出现分层起泡现象，但对其切片分析，发现存在孔焊盘翘起、树脂收缩、孔壁与内层分离等缺陷，单板长期可靠性存在隐患。

⑦ 对于储存期超过 1 年的 OSP 板，因可焊性测试不通过，建议不再使用。对于储存期超过 6 个月少于 1 年的 OSP 板，建议将其返回 PCB 制板厂进行去 OSP 膜处理，然后重新镀 OSP 膜后再使用。

⑧ 对于储存期超过 2 年的沉金板，因热应力测试存在孔焊盘翘起、树脂收缩、孔壁与内层分离等严重缺陷，存在隐性质量风险，建议不再使用。为了尽量消除吸潮的影响，对于储存期超过 6 个月少于 2 年的沉金板，建议每次上线前在 125℃下烘烤 4 h 后再使用。

6.2 高频混压多层电路板分层失效分析

通信设备高速高频化是发展趋势，尤其是 5G 网络、卫星通信的日益发展，电子产品走向大容量、低延迟已是大势所趋，因此新一代产品都需要高速高频材料。高频高速材料与 FR4 材料的特性差异较大，在 SMT 组装过程中经常遇到与 FR4 失效机理迥异的情况，本书重点就高频材料的孔口分层起泡问题进行分析，希望可以给 PCB 的生产厂家提供一些指导建议。

6.2.1 问题背景

RO4350B+FR4 混压 8 层 PCB 在进行无铅焊接时，第一面再流焊接后，贴片后共发现 29 块 PCB 孔口鼓泡不良，缺陷率为 10%。该分层主要表现为 Rogers 面的 4.65 mm 钻孔的孔口附近出现分层、起泡现象，位置不确定，且大孔和密集小孔均有分层、起泡现象，分层起泡不良如图 6.5 所示。

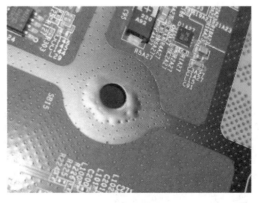

图 6.5 分层起泡不良图

6.2.2 失效原因分析

1. 剥离强度测试

大铜箔面与图形面的剥离强度均满足标准要求，剥离强度测试情况如表 6.6 所示。

表 6.6 剥离强度测试情况

大铜箔面剥离强度要求≥0.70 N/mm			图形面剥离强度要求≥0.70 N/mm			结论
0.96 N/mm	0.93 N/mm	0.98 N/mm	1.11 N/mm	1.07 N/mm	1.18 N/mm	通过

2. 切片分析

失效品切片分析如表 6.7 所示，从该表中可见：

① 通过对起泡位置进行切片可以看出，大孔和小孔的起泡、分层现象均出现在底铜和 Rogers 面的黏结层。

② 通过对未起泡位置进行切片可以看出，在接近孔口位置存在轻微底铜与黏结层分离现象，非孔口的蚀刻基材区边缘存在明显的镍渗入底铜下的情况。

钻孔或者蚀刻去铜后黏结层裸露出横断面，黏结层与底铜因在后续加工过程中的机械冲击、冷热冲击、药水浸渍等因素可能导致横断区附近分离。

表 6.7 失效品切片分析

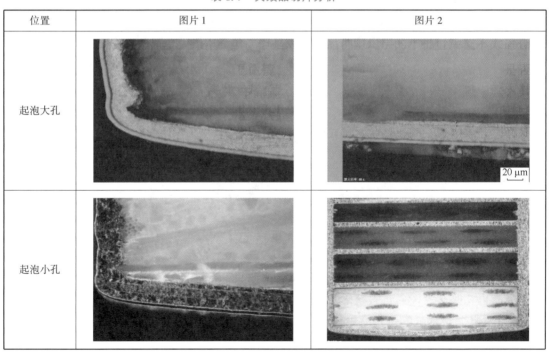

位置	图片 1	图片 2
起泡大孔		
起泡小孔		

续表

位置	图片 1	图片 2
未起泡大孔		
未起泡小孔		

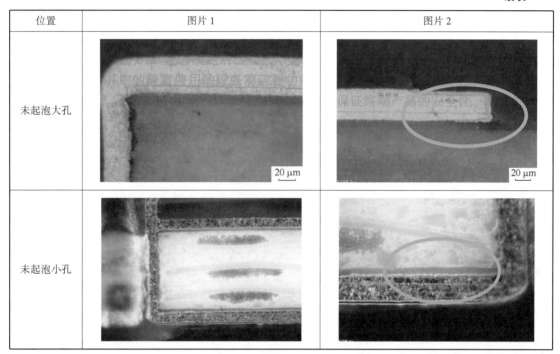

3. 流程分析

试验所用多层板的详细加工流程是：内层→棕化→层压→陶瓷磨板→减铜→钻孔→磨板→铣槽孔→去毛刺→等离子体→去钻污→垂直沉铜→板面电镀→外层图形→……

通过对以上流程进行分析可知，可能对 Rogers 板材分层影响较大的流程如下所述。

① 层压：高压高温过程可能使多层板的黏结层与底铜结合力下降。

② 钻孔：机械钻孔会直接对板材产生机械冲击，使孔口附近的黏结层与底铜结合力下降。

③ 陶瓷磨板/去毛刺：在磨板过程中，机械磨刷对铜箔表面进行了强力研磨，导致黏结层与铜箔界面结合力降低。

④ 去钻污/垂直沉铜：在沉铜过程中，化学药水对基材和黏结层与铜箔界面的攻击，将导致铜箔与黏结层界面结合力降低。

6.2.3　试验设计

1. 测试条件

无铅再流焊接温度曲线如图 6.6 所示，再流焊接次数为 0 次、3 次和 5 次。

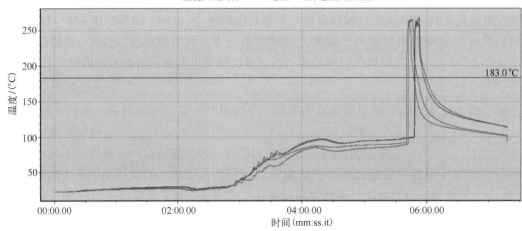

图 6.6　无铅再流焊接温度曲线

2. 测试项目

测试项目的主要任务是分析引起密集孔和大铜箔区域分层、起泡的因素。测试项目如表 6.8 所示。

表 6.8　测试项目

序号	项目	模　　块	方　　法	说　　明
1	分层起泡	密集孔和大铜箔区域	再流焊接前后表观和切片	不同影响因素对可靠性的影响

3. 图形设计

分别设计 4 个模块，验证不同孔壁间距以及大铜箔对于分层的影响，图形设计如表 6.9 所示。

表 6.9　图形设计

序号	模　　块	图　　形	说　　明	作　　用
1	密集孔 1	45 mm 0.6 mm pitch/φ0.3 mm/36*36 45 mm	● 外层大铜箔设计； ● 整体尺寸：45 mm×45 mm； ● 矩阵：36×36； ● 钻孔孔径：0.3 mm； ● 间距：0.6 mm	验证不同孔壁间距密集孔对分层、起泡的影响

序号	模 块	图 形	说　　明	作　　用
2	密集孔 2	45 mm 0.8 mm pitch/φ0.3 mm/36*36 45 mm	● 外层大铜箔设计； ● 整体尺寸：45 mm×45 mm； ● 矩阵：36×36； ● 钻孔孔径：0.3 mm； ● 间距：0.8 mm	验证不同孔壁间距密集孔对分层、起泡的影响
3	密集孔 3	45 mm 1.0 mm pitch/φ0.3 mm/36*36 45 mm	● 外层大铜箔设计； ● 整体尺寸：45 mm×45 mm； ● 矩阵：36×36； ● 钻孔孔径：0.3 mm； ● 间距：1.0 mm。	验证不同孔壁间距密集孔对分层、起泡的影响
4	大铜箔区域大孔设计	15 mm 15 mm	● 外层大铜箔设计； ● 整体尺寸：15 mm×15 mm； ● 中间增加通孔（PTH）； ● 孔径：4.65 mm	验证大铜箔大孔对分层、起泡的影响

4. 流程设计

具体流程如下：开料→层压（双面 Rogers 板空压一遍）→陶瓷磨板（横向磨板）→陶瓷磨板 1（竖向磨板，仅过布织布磨板)→钻孔→去毛刺→做等离子体→去钻污→垂直沉铜→板面电镀。

5. 测试因子确定

根据该类型 PCB 的生产流程，通过对 Rogers 板材分层的原因进行分析，可以确认以下测试因子，如表 6.10 所示。

表 6.10　测试因子

分　类	测 试 因 子	水平 1	水平 2	水平 3
测试板类型	板厚	0.51 mm	0.27 mm	—

分　类	测试因子	水平 1	水平 2	水平 3
钻孔参数	钻刀磨次	新刀	2 次	—
	转速	−20%	正常	+20%
	落刀速	−20%	正常	+20%
	小孔间距	0.6 mm	0.8 mm	1.0 mm
	冲击次数	小孔：1000	小孔：2000	—
磨板参数	去毛刺	过	不过	—
除胶参数	等离子体	做	不做	—
	沉铜线	水平线	垂直线	—

6. 试验方案

除了表 6.11 中给出的 22 种测试方案，还需要设计大铜箔区域大孔设计和密集孔设计等方案。设计测试板，其中方案序号为 1、3、5、7、9、11、13、15 组合为 1 块测试板，方案序号为 2、4、6、8、10、12、14、16 组合为 1 块测试板，方案序号为 17~22 各为 1 块测试板，共计 8 块测试板。

表 6.11　试验方案

方案序号	板厚/mm	钻刀磨次	转速	落刀速度	小孔间距/mm	去毛刺	等离子体	沉铜线	测试目的	备注说明
1	0.51	0	正常	正常	0.8	过	做	垂直线	确认正常参数下，不同板厚的 Rogers 板材分层情况	作为基准方案，同时用于确认不同板厚的分层情况
2	0.271	0	正常	正常	0.8	过	做	垂直线		
3	0.51	2	正常	正常	0.8	过	做	垂直线	用于对比确认分层与钻刀磨次之间的相关性	大孔钻刀使用长为 35.5 mm 的刀进行测试对比
4	0.271	2	正常	正常	0.8	过	做	垂直线		
5	0.51	0	+20%	正常	0.8	过	做	垂直线	用于对比确认 Rogers 板材分层与钻孔转速之间的相关性	—
6	0.271	0	+20%	正常	0.8	过	做	垂直线		
7	0.51	0	−20%	正常	0.8	过	做	垂直线		
8	0.271	0	−20%	正常	0.8	过	做	垂直线		
9	0.51	0	正常	+20%	0.8	过	做	垂直线	用于对比确认 Rogers 板材分层与钻孔落刀速度之间的相关性	—
10	0.271	0	正常	+20%	0.8	过	做	垂直线		
11	0.51	0	正常	−20%	0.8	过	做	垂直线		
12	0.271	0	正常	−20%	0.8	过	做	垂直线		

方案序号	板厚/mm	钻刀磨次	转速	落刀速度	小孔间距/mm	去毛刺	等离子体	沉铜线	测试目的	备注说明
13	0.51	0	正常	正常	0.6	过	做	垂直线	用于对比确认 Rogers 板材分层与密集孔间距之间的相关性	—
14	0.271	0	正常	正常	0.6	过	做	垂直线		
15	0.51	0	正常	正常	1.0	过	做	垂直线		
16	0.271	0	正常	正常	1.0	过	做	垂直线		
17	0.51	0	正常	正常	0.8	不过	做	垂直线	用于对比确认 Rogers 板材分层与是否去毛刺之间的相关性	—
18	0.271	0	正常	正常	0.8	不过	做	垂直线		
19	0.51	0	正常	正常	0.8	过	不做	垂直线	用于对比确认 Rogers 板材分层与等离子体之间的相关性	—
20	0.271	0	正常	正常	0.8	过	不做	垂直线		
21	0.51	0	正常	正常	0.8	过	做	水平线	用于对比确认 Rogers 板材分层与沉铜药水之间的相关性	—
22	0.271	0	正常	正常	0.8	过	做	水平线		

6.2.4　试验结果分析

1. 试验结果

方案 1 和方案 2 是正常参数下，不同板厚的 Rogers 板材分层情况，作为基准方案。正常参数下，板厚为 0.271 mm 的 Rogers 板材再流焊接后会出现单点分层现象，板厚为 0.51 mm 的 Rogers 板材则无分层现象，方案 1 和方案 2 切片对比如图 6.7 所示。

方案 3 和方案 4 用于对比确认分层与钻刀磨次之间的相关性。与基准方案对比，钻刀磨次对分层影响不大，板厚为 0.271 mm 的 Rogers 板材再流焊接后出现单点起泡分层现象，板厚为 0.51 mm 的 Rogers 板材则无分层现象，方案 3 和方案 4 切片对比如图 6.8 所示。

方案 5、方案 6、方案 7 和方案 8 用于对比确认 Rogers 板材分层与钻孔转速之间的相关性。方案 5 和方案 6 与基准方案对比，加大转速对分层影响不大，板厚为 0.271 mm 的 Rogers 板材再流焊接后出现单点起泡分层现象，板厚为 0.51 mm 的 Rogers 板材则无分层现象。方案 7 和方案 8 与基准方案对比，降低转速对分层影响不大，板厚为 0.271 mm 的 Rogers 板材再流焊接后出现单点起泡分层现象，板厚为 0.51 mm 的 Rogers 板材则无分层现象，方案 5、方案 6、方案 7 和方案 8 切片对比如图 6.9 所示。

方案	回流前	回流后
1	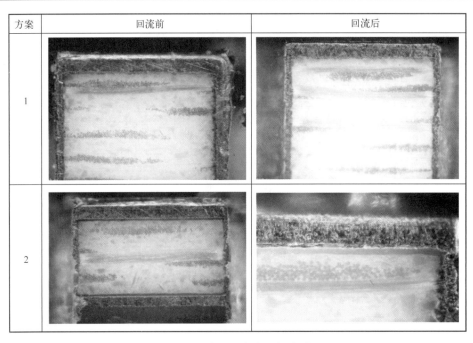	
2		

图 6.7　方案 1 和方案 2 切片对比

方案	回流前	回流后
3	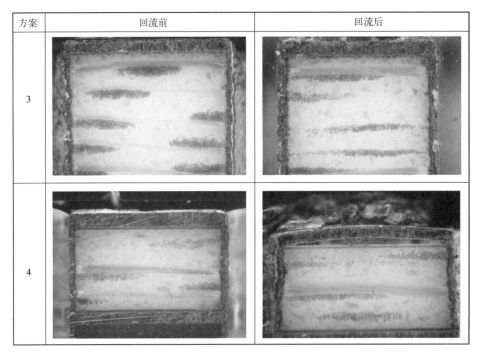	
4		

图 6.8　方案 3 和方案 4 切片对比

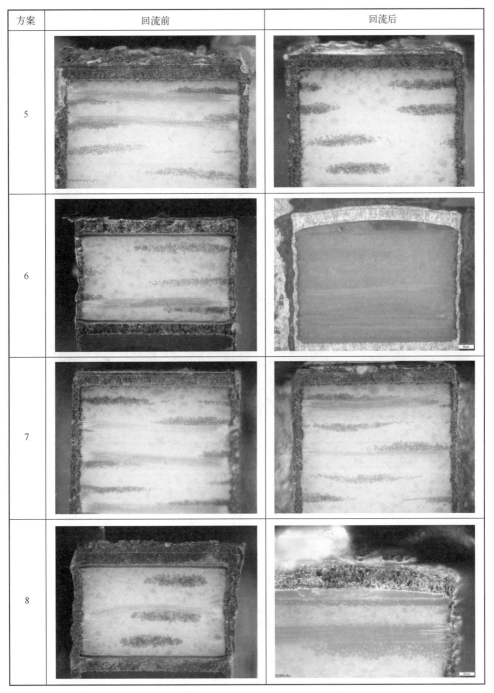

图 6.9　方案 5、方案 6、方案 7 和方案 8 切片对比

　　方案 9、方案 10、方案 11 和方案 12 用于对比确认 Rogers 板材分层与钻孔落刀速度之间的相关性。方案 9 和方案 10 与基准方案对比，增大落刀速度对分层影响不大，板厚为 0.271 mm 的 Rogers 板材再流焊接后出现单点起泡分层现象，板厚为 0.51 mm 的 Rogers 板材则无分层现象。方案 11 和方案 12 与基准方案对比，降低落刀速度对分层影响不大，板厚为 0.271 mm 的 Rogers 板材再流焊接后出现单点起泡分层现象，板厚为 0.51 mm 的 Rogers 板材则无分层现象。方案 9、方案 10、方案 11 和方案 12 切片对比如图 6.10 所示。

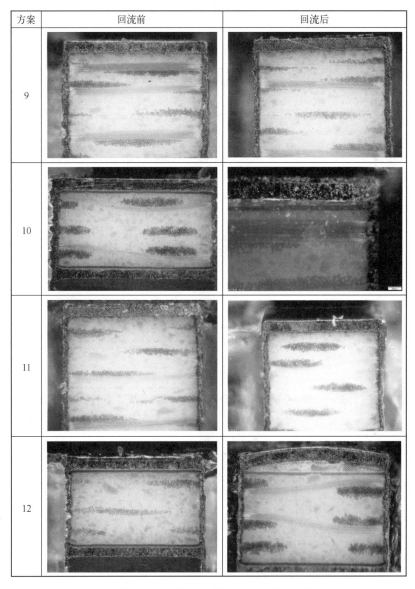

方案	回流前	回流后
9		
10		
11		
12		

图 6.10　方案 9、方案 10、方案 11 和方案 12 切片对比

　　方案 13、方案 14、方案 15 和方案 16 用于对比确认 Rogers 板材分层与密集孔间距之间的相关性。方案 13 和方案 14 与基准方案对比，减小孔壁间距对分层影响较大，板厚为 0.271 mm 的 Rogers 板材再流焊接后出现大面积起泡分层现象，板厚为 0.51 mm 的 Rogers 板材则无分层现象。方案 15 和方案 16 与基准方案对比，加大孔壁间距对分层影响较大，板厚为 0.271 mm 的 Rogers 板材再流焊接后无分层现象，板厚为 0.51 mm 的 Rogers 板材也无分层现象。方案 13、方案 14、方案 15 和方案 16 切片对比如图 6.11 所示。

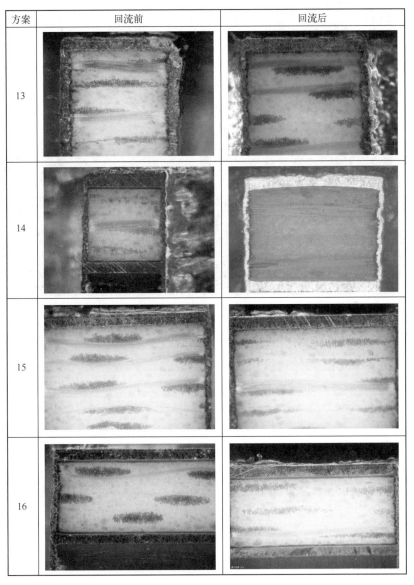

图 6.11　方案 13、方案 14、方案 15 和方案 16 切片对比

方案 17 和方案 18 是用于对比确认 Rogers 板料分层与是否去毛刺之间的相关性。与基准方案对比，去毛刺流程对分层影响不大，板厚 0.271 mm 的 Rogers 板材再流焊接后出现单点起泡分层现象，板厚为 0.51 mm 的 Rogers 板材则无分层现象。方案 17 和方案 18 切片对比如图 6.12 所示。

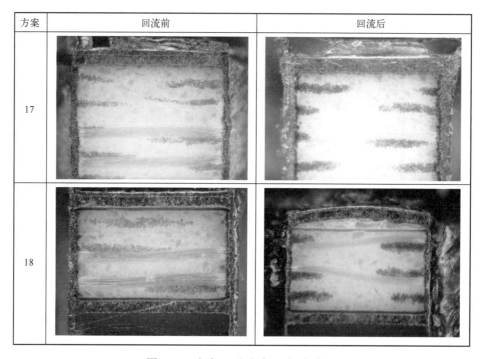

图 6.12　方案 17 和方案 18 切片对比

方案 19 和方案 20 用于对比确认 Rogers 板材分层与等离子体之间的相关性。与基准方案对比，等离子体流程对分层影响不大，板厚为 0.271 mm 的 Rogers 板材再流焊接后出现单点起泡分层现象，板厚为 0.51 mm 的 Rogers 板材则无分层现象。方案 19 和方案 20 切片对比如图 6.13 所示。

方案 21 和方案 22 用于对比确认 Rogers 板材分层与沉铜药水之间的相关性。与基准方案对比，沉铜药水对分层影响较大，板厚 0.271 mm 的 Rogers 板材再流焊接后无分层现象，板厚为 0.51 mm 的 Rogers 板材同样无分层现象。方案 21 和方案 22 切片对比如图 6.14 所示。

2. 试验小结

综上所述，通过对比测试板材再流焊接前后的切片，可以得出以下结果：

① 在其他加工参数相同的条件下，钻刀磨次、转速、落刀速度、去毛刺、等离子体因素对 Rogers 板材分层的影响不大。

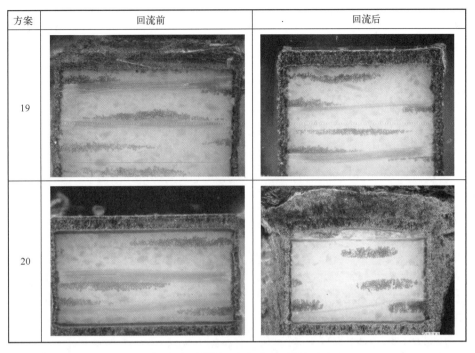

图 6.13 方案 19 和方案 20 切片对比

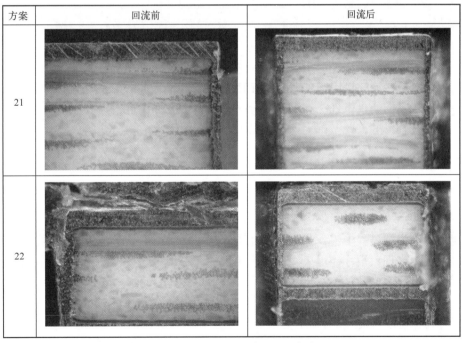

图 6.14 方案 21 和方案 22 切片对比

② 在其他加工参数相同的条件下，板厚为 0.27 mm 的 Rogers 板材比板厚为 0.51 mm 的 Rogers 板材更容易分层。

③ 在其他加工参数相同的条件下，孔壁间距对 Rogers 板材分层的影响较大，孔壁间距越小，越容易导致分层，这是因为孔壁间距越小，相邻两个孔对于孔壁以及铜层的综合冲击作用力就越大，因而更容易出现分层情况。

④ 在其他加工参数相同的条件下，沉铜药水对 Rogers 板材分层的影响较大，采用水平沉铜方式可改善 Rogers 板材分层情况，这是因为垂直沉铜线在除胶、膨松缸内的处理时间相对较长（是水平线的 4 倍），因而使铜层与树脂的结合面受到药水攻击的时间就相对较长，使其更容易出现分层问题。

6.2.5 总结

① 从测试结果来看，钻刀磨次、转速、落刀速度、去毛刺、等离子体等因素对 Rogers 板材分层的影响不大。

② 孔壁间距和沉铜药水对 Rogers 板材分层的影响较大，孔壁间距越小，越容易分层；水平沉铜方式可改善 Rogers 板材分层情况。

③ 在所有测试方案中，起泡分层现象均出现在板厚为 0.27 mm 的 Rogers 板材上，因此，造成起泡、分层的主要因素为 Rogers 板材的本身特性差异。

6.3　HDI 板在无铅再流焊接中的爆板现象失效分析

HDI 板在无铅再流焊接中的爆板现象是严重威胁产品质量，导致生产线不能正常运转，甚至停线的较严重的质量事件。本书重点分析在无铅再流焊接过程中最常见的爆板现象，讨论爆板发生的机理，并在此基础上探讨抑制爆板的技术措施。

6.3.1 爆板现象

1. 爆板现象描述

在无铅再流焊接过程中，发生在 HDI 板积层的第二次压合的 PP 片和次层（L2）铜箔棕化面之间的分离现象被称为爆板。爆板位切片如图 6.15 和图 6.16 所示。

HDI 板爆板的特征是：
- 爆板位置均发生在 L1～L2 埋孔密集的区域；
- 通过切片发现爆板现象非常剧烈，有些线路都被拉裂，因此危害很大。

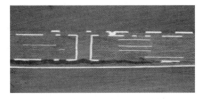

图6.15　爆板位切片（1）

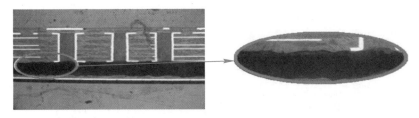

图6.16　爆板位切片（2）

2. 爆板沿板面位置的分布

爆板几乎都发生在未开窗口（微孔）的较大的铜箔区域，爆板沿板面位置的分布如图6.17所示。

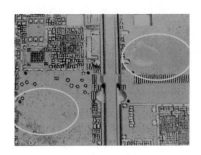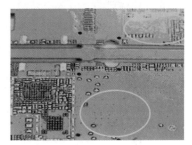

图6.17　爆板沿板面位置的分布

3. 爆板沿厚度方向的分布

通过切片分析可知，爆板位置均发生在外层与次外层之间，并且多发生在大铜箔下部和埋孔的上方。爆板沿厚度方向的分布如图6.18所示。

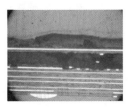

图6.18　爆板沿厚度方向的分布

6.3.2 爆板发生的机理

1. 爆板的物理过程

根据上述对爆板现象特征分析与归纳，我们可以按下述物理模型来研究和分析爆板发生的物理过程，进而了解爆板发生的机理。

① 在工作环境温度不太高的情况下，HDI 多层板 L1～L2 之间的黏结情况良好，正常 HDI 多层板的切片如图 6.19 示。

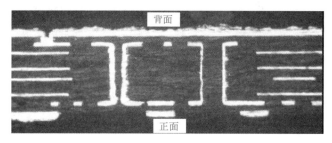

图 6.19 正常 HDI 多层板的切片

② 随着对其加热升温过程的进行，埋孔及内层吸附的可挥发物（包含湿气）不断被排出，在再流焊接升温过程中可挥发物受热膨胀如图 6.20 所示。

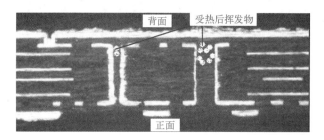

图 6.20 在再流焊接升温过程中可挥发物受热膨胀

③ 被排出的可挥发物（气体）在埋孔口与 PP 片（黏结片）之间集聚，如图 6.21 所示。

④ 随着温度的继续升高，集聚在埋孔口附近的气体越积越多，形成很大的膨胀压力，使得在 L2 的棕化面与 PP 片之间受到一个使其分离的膨胀压力，强大的膨胀压力导致爆板发生，如图 6.22 示。

⑤ 当最终形成的膨胀压力（f）小于棕化面与 PP 片之间的黏附力（F）（$f<F$）时，此时仅在内层埋孔留下一个小气泡，即形成点状的爆板现象。图 6.23 展示了点状爆板现象，图 6.24 展示了点状爆板的外观。

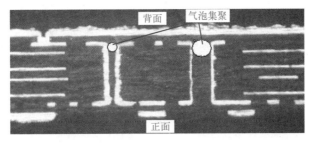

图 6.21　可挥发物（气体）在埋孔口与 PP 片（黏结片）之间集聚

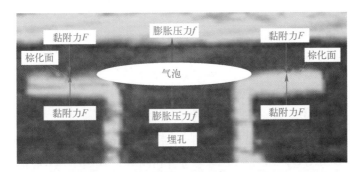

图 6.22　强大的膨胀压力导致爆板发生

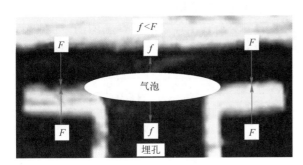

图 6.23　点状爆板现象

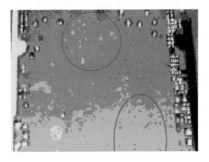

图 6.24　点状爆板的外观

⑥ 当最终形成的膨胀压力（f）大于棕化面与 PP 片之间的黏附力（F）（$f>F$）时，则沿 L2 棕化面与 PP 片之间将发生分离，出现明显的块状起泡分层现象，块状起泡分层切片如图 6.25 所示。

在 PCB 受热的同时，其中一部分自由体积的水可以通过微孔状的 PCB 基材散失出去，从而减少了可能在空隙或微裂纹处聚集的水的摩尔体积分数，有利于 PCB 的爆板情况的改善。但是如果 PCB 表面有大面积的铜箔图形覆盖，则在 PCB 受热时，埋孔上方的大铜箔面挡住了受热后向外逸出的水汽，使微裂纹中水汽的压力增大，导致发生爆板的概率大大增加。

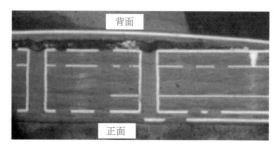

图 6.25　块状起泡分层切片

2. 影响爆板的因素

从以上爆板发生的物理过程中可知，影响爆板发生的因素如下所述。

（1）有挥发物的形成源是产生爆板的必要条件

1）挥发物的来源

① PCB 在制程中吸湿。

产生 PCB 挥发物的根源是 PCB 在制程中吸湿，PCB 的构成材料（如织物和胶料）对水都有很好的亲和性，极易吸附湿气。下面通过分析水在 PCB 中的存在形式、水蒸气扩散的途径和水蒸气压力随温度的变化情况，来揭示水蒸气的存在是导致 PCB 爆板的首要原因。

PCB 中的水分主要存在于树脂分子中以及 PCB 内部存在的宏观物理缺陷（如空隙和微裂纹）处。环氧树脂的吸水速率和平衡吸水量主要由自由体积和极性基团的浓度决定。自由体积越大，初期的吸水速率就越快。极性基团对水具有亲和性，这也是环氧树脂具有较高吸湿能力的主要原因。极性基团的含量越大，平衡吸水量也就越大。一方面，PCB 在无铅再流焊接时温度升高，导致自由体积中的水和极性基团形成氢键的水，能够获得足够的能量在树脂内做扩散运动。水向外扩散并在空隙或微裂纹处聚集，使空隙处水的摩尔体积增加；另一方面，随着焊接温度的升高，使水的饱和蒸汽压也同时升高，水蒸气的蒸汽压如表 6.12 所示。

表 6.12　水蒸气的蒸汽压

温度/（℃）	180	198	212	224	234	243	250	260	285
水的饱和蒸汽压/（kPa）	1000	1500	2000	2500	3000	3500	4000	5000	7000

由表 6.12 可知，在 224℃时，水蒸气的饱和蒸汽压为 2500 kPa；在 250℃时，水蒸气的饱和蒸汽压为 4000 kPa；当焊接温度升到 260℃时，水蒸气的饱和蒸汽压可达到 5000 kPa。当材料层间的黏合强度低于水蒸气产生的饱和蒸汽压时，材料将出现爆板现象。因此，焊接前吸湿是 PCB 发生分层、爆板的主要原因之一。

② PCB 成品在存储和组装过程中吸湿。

HDI 多层 PCB 属于潮湿敏感部件，PCB 中湿气的存在对其性能有很大影响。例如，在无防护情况下，PP 片极易吸湿，PP 片存储时间与吸湿率之间的关系如图 6.26 所示，该图展示了 PP 片在相对湿度为 30%、50%、90% 条件下存放时的吸湿情况。

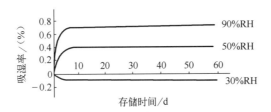

图 6.26　PP 片存储时间与吸湿率之间的关系

显然，静态放置下，随着时间的推移，PCB 含水量会逐渐增多。真空包装与无真空包装吸水率比较如表 6.13 所示。

表 6.13　真空包装与无真空包装吸水率比较

暂 放 时 间	无真空包装吸水率/（%）	真空包装吸水率/（%）	无真空包装吸水率/真空包装吸水率
一周	0.08823	0.04549	1.94
二周	0.09716	0.06240	1.56
三周	0.11663	0.07857	1.48

③ 湿气主要存在于树脂体系中各种不同物质之间的界面，在高温下变为水蒸气对这些界面形成热冲击，进而引起界面开裂分层。

2）吸湿的危害

① 使 PP 片中的挥发物含量增加。

② 湿气在 PP 片树脂中存在，减弱了树脂分子间的交联，造成 PCB 的层间结合力下降，PCB 的耐热冲击能力被削弱。

（2）PP 片与铜箔面黏附力差是发生爆板的充分条件

1）现象描述

从切片分析可知，爆板位置均在二次压合 PP 片和铜箔接触面（棕化面）之间，压合叠板结构如图 6.27 所示，该图展示了 HDI 多层板在无铅再流焊接中的爆板位置。

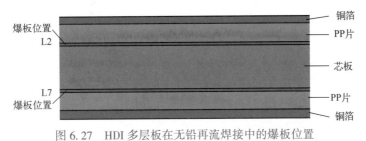

图 6.27　HDI 多层板在无铅再流焊接中的爆板位置

铜在金属状态时是一种非极性物质，因此许多黏合剂对铜箔的黏附力极小。铜箔表面如果不经过处理，即使使用性能优良的黏结剂也不能使其具有充分的黏附力和耐热性。

早期对铜箔表面进行棕化处理的方法是：通过化学处理使铜箔表面形成红褐色的氧化亚铜（Cu_2O），当它与树脂层压基材黏结时，虽然常温黏附力增加了，但在 200℃附近会发生剥离。这是由于 Cu_2O 对热不稳定，加热后与铜箔之间发生剥离。

20 世纪 60 年代，日本东芝公司的研究者们发现，用特殊的化学溶液处理后，在铜箔表面形成的黑色天鹅绒状薄膜（CuO）结晶较细密，且能牢固地黏附在铜箔表面上，热稳性也很好，这就是后来普遍采用的黑化工艺。

20 世纪 90 年代中期，欧、美等国采用一种新型多层板内层导电图形化学氧化的新型棕化工艺，取代传统的黑化工艺，现已在业界普遍使用。

2）棕化增强黏附力作用的机理

新型棕化工艺其化学反应机理是：

$$2Cu+H_2SO_4+H_2O_2+R_1+R_2 \rightarrow CuSO_4+2H_2O+Cu(R_1+R_2)$$

注释：R_1 和 R_2 是棕化药水的核心配方，一般厂家都用代号表示，不给出具体的化学元素。

在棕化槽内，由于 H_2O_2 的微蚀作用，使基体铜表面形成凹凸不平的微观结构，故能得到相当于 6~7 倍未经处理的平滑铜表面的黏合面积，同时在基体铜上沉积一层薄薄的与基体铜表面通过化学键结合的有机金属膜，而且黏合剂进入凹凸部后，增加了机械啮合效果。基板铜箔棕化后的 SEM 图如图 6.28 所示。

图 6.28　基板铜箔棕化后的 SEM 图

3）影响棕化效果的因素

棕化质量和效果取决于其工艺过程参数控制的精细化，具体如下所述。

① 配方药水的选择。

耐再流焊接试验如表 6.14 所示，该表给出了使用 A、B 两种棕化药水后，对高 T_g 材料再流焊接次数测试（再流焊接时间为 10 s）的相关数据。

表 6.14　耐再流焊接试验

再流焊接次数	爆 板 数											
	1	2	3	4	5	6	7	8	9	10	11	12
A	0	0	0	0	0	0	0	0	0	0	0	0
B	0	0	0	0	0	0	0	1	3	—	—	—

从表 6.14 可知，使用 A 药水的棕化层，结合力可以耐受 12 次无铅再流焊接温度不发生爆板。

② 在生产过程中槽液成分的监控。

③ 棕化膜厚度。

棕化膜与 PP 片的黏结强度、耐酸碱、耐电晕及耐高温等性能与其膜的结构和厚度有关，但并非越厚黏结强度越高。

④ 棕化层受污染及工艺错误。

在一个爆板质量案例中，剥开发生爆板的部位，发现棕化层有被污染的迹象，树脂与受污染的棕化层完全分离，棕化面被污染，如图 6.29 所示（红圈中）。导致污染部分的棕化层与 PP 片在层压后未能有效黏合，PCB 在后续 SMT 装配中出现起泡现象。

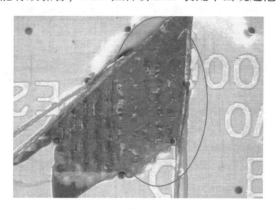

图 6.29　棕化面被污染

经过调查得知，高 T_g 材料误用普通材料的程序进行压板、固化，是造成最外层铜箔与 PP 片结合力不良的原因之一。

（3）再流焊接温度选择不合适是爆板的诱发因素

1）温度对爆板的诱发作用

通过对爆板发生模式的充分和必要条件的分析，可以知道它们都是温度的函数。多层板中可挥发物的数量及其膨胀压力随再流焊接温度的增高而增大，而棕化层和 PP 片之间的黏附力则随温度的升高而减小。显然，爆板的充分及必要条件必须借助温度这一因素来诱发。基于对具体产品特点的综合分析来优化再流焊接温度曲线，对抑制爆板现象的发生是有效果的。

2）根据产品特点优化再流焊接温度

① 美国微电子封装专家 C. G. Woychik 指出，使用通常的 SnPb 合金，在进行再流焊接时元器件和 PCB 所能承受的最高温度为 240℃，而当使用 SnAgCu（无铅）合金时，JEDEC 标准规定最高温度为 260℃。温度提高了，就可能危及电子封装组装的完整性，特别是对许多叠层结构材料，易使各层间发生脱层，尤其是那些含有较多湿气的新材料。内部含有湿气和温度的升高相结合，将使所用的大多数常用的叠层板（HDI 多层 PCB）发生大范围的脱层。

② 美国电子组装焊接专家 J. S. Hwang 在其撰写的《电子组装制造中的焊接材料与工艺》一书中也有这样的描述：考虑到现有无铅材料的熔点温度高于 SnPb 共晶材料的熔点温度（183℃），为了将再流焊接温度降到最低限度，一条合适的再流焊接温度曲线显得特别重要。他还指出：根据目前生产条件的限制，如现有的 SMT 生产企业和基础设施，包括元器件和 PCB 所具有的温度特性等，无铅再流焊接峰值温度应该保持在 235℃。

经过综合分析，在 HDI 多层 PCB 的无铅再流焊接中，当使用 SnAgCu 焊料合金时，峰值温度建议取 235~240℃。实践表明，采取此措施后，对爆板的抑制效果非常明显。

（4）可挥发物逃逸不畅是爆板的助长因素

从切片分析可知，爆板位置几乎都发生在埋孔的上方覆盖有大面积铜箔的部位，图 6.30 展示了爆板的位置特征。

图 6.30　爆板的位置特征

这种设计的可制造性确实有问题，主要表现在下述几个方面：

① 焊接受热后对积聚在埋孔和层间的可挥物（如湿气等）的排放不利；

② 加剧了在再流焊接时板面温度分布的不均衡性；

③ 不利于消除焊接过程中的热应力，容易使应力集中，加剧了 HDI 多层 PCB 内层层间的分离。

显然，HDI 多层板产品的图形设计不合理，助长了无铅制程中爆板现象的发生。

6.3.3 爆板的解决方案

1. 根除爆板发生的必要条件——防止 PCB 吸湿

(1) 加强主要工序温、湿度控制

PCB 生产流程的各个环节（原材料储存、PP 片切片、储存层压、棕化直至包装等）都是重要工序，需要严格控制工序温、湿度。

多层 PCB 成品与潮湿敏感元器件（MSD）一样，属于潮湿敏感组件，应该按 MSD 的防湿要求（温度≤30℃；湿度≤60%RH）来管控。

(2) 针对关键制程增加烘烤工序

根据调查，许多 PCB 生产企业由于诸多原因，不能及时在工序间周转，导致原材料、半成品甚至成品积压。如果在关键工序增加烘烤工序，就能有效去除材料中的含水率。例如，在棕化之后层压之前增加一道烘烤工序，PCB 干燥后及时层压，不宜再自由放置。

(3) 解决 PCB 存储吸湿问题

① 储存期的吸湿问题。

试验分析显示，PCB 无论是否真空包装，在正常储存条件静态放置情况下，随着时间的推移，PCB 含水量会逐渐增多，包装形态的吸湿情况如表 6.15 所示。

表 6.15　包装形态的吸湿情况

包装状态	暂存时间	烘烤前质量/g	烘烤后质量/g	含水量/g	含水率/（%）
真空包装	一周	53.6329	53.6085	0.0244	0.04549
	二周	53.0448	53.0117	0.0331	0.06240
	三周	53.20	53.1582	0.0418	0.07857
非真空包装	一周	52.9292	52.8825	0.0467	0.08823
	二周	53.0037	52.9522	0.0515	0.09716
	三周	54.5318	54.4682	0.0636	0.11663

从库房取生产已有 2 个月的原包装板（FR4/OSP/真空包装），测量含水率，发现板件吸湿严重，吸湿率已达到发生爆板的界限，库存期间的吸湿状态如表 6.16 所示。

表 6.16　库存期间的吸湿状态

2406 周期库存样品	烘板前质量/g	烘板后质量/g	吸湿率/（%）
样品 1	31. 1966	31. 1478	0. 1564
样品 2	31. 1825	31. 1313	0. 1642
样品 3	31. 8031	31. 7516	0. 1619
样品 4	31. 5299	31. 4784	0. 1633
样品 5	31. 2184	31. 1658	0. 1685

结论：PCB 在正常储存条件下，随着时间的推移，PCB 含水量会逐渐增多。当超过出厂日期 2 个月后，会因吸湿而增大产生爆板的风险。所以，就可能出现同一批次 PCB，前面一部分正常没有问题，但后面一部分出现爆板现象。

② 改善包装。

上面的试验说明，采用真空包装的 PCB 其吸湿率要远低于没有真空包装的 PCB。同时，为了更好地防止 PCB 吸湿，经过批量验证，采用二次包装，在原来包装的基础上，增加更加致密的铝膜高真空包装，使包装的密封度更好，能有效防止 PCB 与空气接触而吸湿。另外，在包装内增加干燥剂和湿度指示卡。

③ 优化板材。

目前，大多数 PCB 厂家有一个普遍的观点，对于无铅组装，其焊接温度在原来的基础上提高了 20~40℃，这对 PCB 的热冲击非常厉害，这要求板材的耐热性满足无铅装配的要求，因此 PCB 厂家大多使用高 T_g（170℃）材料。当然，也有一小部分 PCB 厂家采用中 T_g（150℃）的材料并取得了较好的成效，这一点也正在被广大 PCB 同行所关注。

④ 实行 JIT 生产。

JIT：Just In Time，准时制，是一种生产方式。前面的工艺试验表明，PCB 在正常储存条件下，随时间的推移，PCB 含水量会逐渐增多，当超过出厂日期 2 个月后，会因吸湿而出现爆板的风险。因此，这就要求 PCB 在出厂后，应尽快被投入使用，实行 JIT 生产。

对于吸水率升高的 PCB，可以采用在一定条件下烘烤的方式来除湿，具体根据板材和表面处理的情况而定。建议烘烤温度≤125℃，烘烤时间为 4 h。

2. 抑制爆板发生的充分条件——增加层间结合力

① 采用优质的棕化药水以提高 PCB 层间结合力。

② 严格控制棕化后至层压的间隔时间以减少材料的吸湿率。

③ 棕化后增加烘板工序，可以有效去除树脂挥发物及潮气。

④ PCB 厂家应加强对原材料进货质量的监控，确保最后成形的基板材料具有低吸水性、良好的层间黏合性和尺寸的稳定性。

3. 改善再流焊接温度曲线

大批量生产验证表明，在无铅再流焊接工艺中，在确保达到良好的润湿温度的前提下，再流焊接的峰值温度偏低取值为 235℃（最高不超过 245℃）对抑制爆板有明显的效果。温度越高，爆板风险就越大。

4. 避免大铜箔面设计

埋孔上方的大铜箔面挡住了受热后向外逸出水蒸气的通道，增加了发生爆板的概率，因此，在不影响设计性能的前提下，避免大铜箔面设计，或者在大铜箔面上开窗，给水蒸气一个排放的通道，对爆板有明显的改善。

第7章 可焊性失效案例分析

7.1 沉金 PCB 焊盘不润湿失效分析

随着无铅化产业的推进，沉金工艺作为无铅适应性的一种表面处理工艺，由于其具有多种优点，已经成为无铅表面处理的主流工艺。无铅焊接峰值温度的提高，带来了更复杂的焊盘不润湿问题，给企业正常生产造成很大困扰。本章重点针对沉金 PCB 无铅焊接焊盘不润湿的问题进行了深入研究，为企业解决沉金 PCB 焊盘不润湿问题提供了很好的分析方法和手段。

7.1.1 概述

沉金也叫无电镍金、沉镍浸金或化金，是一种在印制线路板（PCB）裸铜表面涂覆可焊性涂层的工艺，其集焊接、接触导通、散热等功能于一身，满足日益复杂的 PCB 装配焊接要求，受到 PCBA（Printed Circuit Board Assembly，PCB 装配，包括 PCB 空板经过 SMT 上件，或经过 DIP 插件的整个制程）客户的广泛青睐。然而，随着无铅焊接峰值温度的提高，使焊接工艺窗口由 50℃ 减小到 15℃；焊料、PCB 表面处理、元器件表面处理趋于多元化，出现了很多兼容性问题，带来了更复杂的沉金 PCB 焊盘不润湿问题。润湿不良焊盘如图 7.1 所示，失效样品上的焊盘普遍上锡不良，主要表现为焊盘部分区域未上锡，表面金层未完全与焊料熔融。在正常焊接过程中，镍金焊盘在高温焊接的瞬间，表面金层将迅速与焊料熔融，形成 AuSnX 系列合金而快速脱离焊盘，迅速扩散到焊料之中。

7.1.2 影响沉金 PCB 焊盘不润湿因素分析

1. 焊接热量

当出现焊盘不润湿的情况时，首先应该对焊接工艺过程中各种因素进行排查。当焊接热

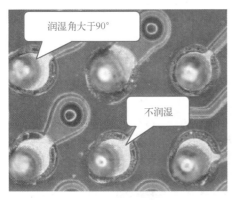
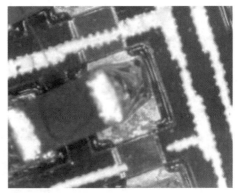

图 7.1　润湿不良焊盘

量不足或锡膏润湿性差时会导致焊盘不润湿，所以首先需要对不合格产品上的上锡不良焊点以及上锡良好焊点通过扫描电子显微镜（SEM）进行切片分析，分析其锡膏对元器件的可焊端/引脚润湿情况以及其界面的 IMC 层厚度，以确定焊接工艺是否正常。

（1）不合格产品上的不良焊点分析

将不合格产品上的不良焊点进行切片并对其截面进行 SEM 切片分析。不良焊点截面代表性 SEM 图片如图 7.2 所示，从该图中可发现，焊料缩聚在电阻可焊端，该界面润湿良好，界面金属间化合物（IMC）层厚度约为 1.3 μm，但焊料对焊盘不润湿。在不润湿区域，明显可见 PCB 焊盘上有金层覆盖；在已上锡区域，焊料对 PCB 焊盘均已润湿，说明焊接热量和锡膏润湿性没有问题。反之，如果发现器件测同样没有形成良好的 IMC 层，则说明焊接热量不足或锡膏润湿性差。

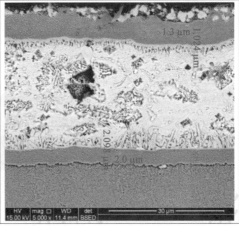

图 7.2　不良焊点截面代表性 SEM 图片

（2）不合格产品上的上锡良好焊点分析

将同一件不合格产品上的上锡良好焊点进行切片并对其截面进行 SEM 切片分析，良好焊点截面代表性 SEM 图片如图 7.3 所示，从该图中可知，焊料对元器件润湿良好，其界面的 IMC 层厚度为 1.168 μm，PCB 侧焊盘也被润湿，说明焊接热量和锡膏润湿性没有问题。

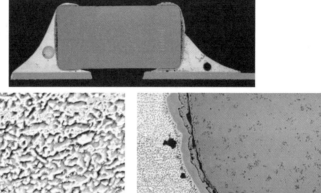

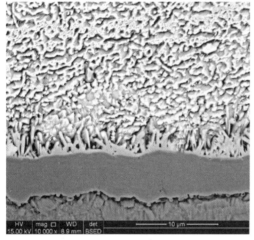
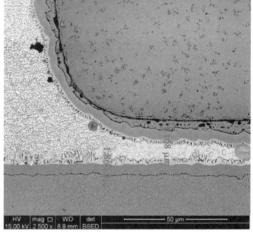

图 7.3　良好焊点截面代表性 SEM 图片

2. 金镍镀层厚度

一般，金镍镀层焊盘表面要求金层厚度为 0.05~0.152 μm，镍层厚度为 3~8 μm。金层厚度与锡球延展面积的关系如表 7.1 所示，有研究结果表明，金厚对焊锡延展性有显著影响，金层越薄，焊锡延展性越差；金层越厚，焊锡延展性越好。金镍镀层厚度影响焊接效果的机理是：金与银的焊锡性都很好，这是因为它们在强热中能快速形成 IMC（AuSn4 与 Ag3Sn），而且 IMC 还能迅速分散溶解到液态焊料中。在高锡量 SAC305 焊料中，金的溶解速率可达 117.90 微英寸/秒（1 微英寸 = 2.54×10⁻² 微米），银的溶解速也能达到 43.60 微英寸/秒，远超过铜（4.10 微英寸/秒）和镍（0.05 微英寸/秒）这两种基底金属形成 IMC 的速率。因此，当沉金板不上锡时，排除焊接工艺因素后，第一时间应该用金厚测试仪对金镍厚度进行测试。

表 7.1　金层厚度与锡球延展面积的关系

编　号	沉金后直接测试	锡球延展面积/mm²
1#		1.11
2#		1.57
3#		1.84
4#		>3.24
5#		>3.24

3. 镍层磷含量

根据 SEM 扫描微观图可知，低 P（磷）含量的镍（Ni）层晶格界限明显，而高 P 含量的镍层表面晶格模糊，呈现非晶体结构。高 P 含量的镍层的优良耐蚀性能是由它的非晶态结构决定的，在这种非晶态结构中不存在晶界、位错、孪晶或其他缺陷，耐蚀性能相对较好。但是在焊接过程中，由于 P 不参与焊接以形成合金层结构，因而高 P 含量的镍层有效焊接金属减少。当 P 含量超越一定限度时，镍层表面将呈现非晶体结构，虽然极大增加了镍层的耐腐蚀性，但同时其润湿性能、可靠性能将下降。在确定金镍层厚度无异常时，就要进一步用 EDX 分析镍层 P 含量，镍层 P 含量质量百分比一般为 7~11wt%，镍层 P 含量如表 7.2 所示。

表 7.2　镍层 P 含量

元　素	质量百分比/wt%	原子百分比/at%
C（碳元素）	12.92	38.91
O（氧元素）	1.3	2.93
P（磷元素）	9.6	11.22
Ni（镍元素）	76.18	46.94
合计	100	100

4. 镍腐蚀

当镍腐蚀严重时，往往会造成焊盘不润湿，即镍（Ni）层受到深度腐蚀会引起化金表面处理焊点断裂的失效模式。一般，业界比较认可的镍腐蚀判定标准如下所述。

① 在放大 3000X 的条件下采用 SEM 观察，焊盘表面 50 μm 范围内镍腐蚀深度超过镍层厚度 40% 的腐蚀带条数不超过 4 条。

② IMC 层不允许出现连续的镍腐蚀，镍腐蚀切片如图 7.4 所示。在出现沉金焊盘不润湿的情况下，需要采用 SEM 观察镍层纵切片，以确认镍腐蚀情况。

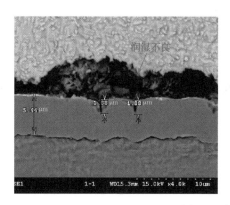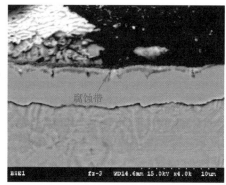

图 7.4　镍腐蚀切片

5. 焊盘表面污染

（1）异常元素分析

对上锡不良的焊点进行 EDX 成分分析，确认是否有异常元素存在。在 PCB 生产过程中，文字以及阻焊塞孔等工序可能会出现文字或者阻焊层上焊盘导致焊盘不润湿的情况。不上锡焊盘 EDX 成分——异常元素如图 7.5 所示，通过分析发现，焊盘表面有异常元素 Ti（钛），Ti 是字符油墨的特征元素，可以判定有字符污染物存在。针对字符污染焊盘造成的不良，可采用沉金前印字符工艺进行处理，这样可以有效避免字符污染焊盘导致的焊接不良。目前，业界有多个 PCB 厂家采用沉金前印字符工艺。

元素	wt%	at%
CK	45.05	77.43
OD	6.80	8.77
AlK	5.69	4.35
Tik	3.39	1.46
Nik	5.51	1.94
Rb L	3.13	0.76
Sn L	30.43	5.29

图 7.5　不上锡焊盘 EDX 成分——异常元素

（2）有机污染物分析

当进行 EDX 元素分析未发现明显异常元素存在时，就要观察氧含量是否正常。不上锡焊盘 EDX 成分——有机污染物如图 7.6 所示，通过分析发现，该不上锡焊盘表面 Au（铜）层氧元素含量较高，说明焊盘存在一定程度的氧化或者存在有机污染物。进而依据 IPC-J-STD-003B 方法，用 20% 的 HCl 清洗不润湿的焊盘，清洗后可焊性明显改善，进一步确认焊盘存在一定程度的氧化或者存在有机污染物。

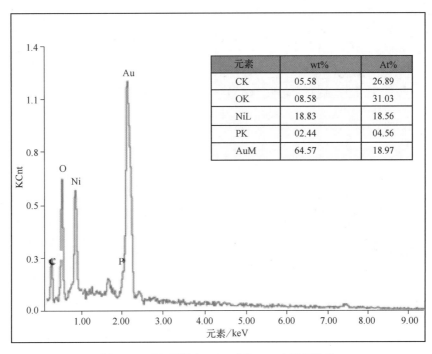

元素	wt%	At%
CK	05.58	26.89
OK	08.58	31.03
NiL	18.83	18.56
PK	02.44	04.56
AuM	64.57	18.97

图 7.6　不上锡焊盘 EDX 成分——有机污染物

无论是焊盘表面存在异常元素，还是焊盘表面存在氧化或者有机污染物，在 PCB 包装前采用 1%~3% 的稀硫酸 + 超声波水洗的方式对 PCB 进行清洗，可以很好地规避焊接不良问题。异丙醇、柠檬酸以及盐酸的清洗方式作用有限，不推荐使用；尤其是要禁止使用盐酸对金面进行清洗，因为盐酸会引起严重的镍腐蚀问题。

6. 金层氧化

当以上所有的分析结果都无异常时，这时就要采用 SEM 重点观察，确认沉金后是否对金面进行了物理处理，比如喷砂。一般当金面有异常（例如，金面被污染、金面发红、金面氧化等）正常酸洗流程无法处理时，有些 PCB 厂家会采用喷砂等物理方式对金面进行处理。不上锡焊盘 SEM 分析如图 7.7 所示，由于在沉金后做过喷砂处理，整个金面的晶体结构已经完全被破坏，有露镍现象，在这些位置，金原子之间的镍原子大量被氧化，最终造成焊盘不润湿。

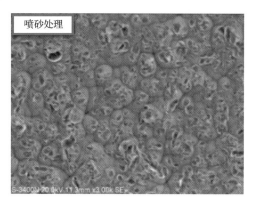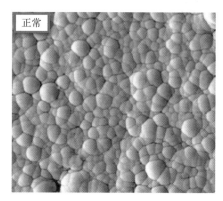

图 7.7　不上锡焊盘 SEM 分析

7.1.3　总结

① 沉金 PCB 焊盘不润湿从以下 6 个方面重点进行失效分析：
- 焊接热量不足；
- 镍层磷含量异常；
- 镍腐蚀；
- 金镍厚度异常；
- 焊盘表面被污染；
- 金层被氧化。

② 沉金后使用物理方式对金面进行返工会造成金晶格变形，露镍位置镍被氧化，进而造成焊盘不润湿。

③ 在 PCB 包装前采用 1%~3% 的稀硫酸+超声波水洗方式对 PCB 进行清洗，可以很好地规避焊接不良问题。

④ 采用沉金前印字符的方法，可以有效避免字符污染焊盘导致的焊接不良。目前，业界有多个 PCB 厂家在采用此方法。

7.2　Im-Ag 表面处理药水的选择

化学银制程具有流程短、适用于水平与垂直式生产、银层导电性好、可焊性好，可采用铝线键合等优点，已成为众多 OEM（Original Equipment Manufacturer，原始设备制造商）首选的无铅表面处理工艺。Im-Ag 镀层一般是直接在 Cu 基上形成镀 Ag 层，由于药水的特性，

Im-Ag 镀层中的 Ag 层并非纯 Ag 层，而是含有 30% 左右的有机物质。Im-Ag 镀层的特性决定了容易出现浸银表面微空洞、贾凡尼效应及发黄变色等缺陷。故 Im-Ag 表面处理药水的选择对最终 PCB 的可靠性至关重要。针对 Im-Ag 表面处理药水性能的评估，笔者做了系统性的研究。

7.2.1　试验条件及方法

1. 试验设备

针对 Im-Ag 表面处理工艺的可靠性分析常用的设备仪器有 X-ray 测厚仪、无铅锡炉、离子污染测试仪、扫描电子显微镜（SEM）、烤箱、盐雾试验箱和无铅再流焊接炉等。

2. 样品制备

试验所需物料如表 7.3 所示，本试验采用 Rogers4350+FR4 六层混压板，其尺寸规格为 228 mm×201 mm×1.6 mm，分别采用国外 A 品牌和国产 B 品牌的沉银药水进行表面处理，各选取 20 pcs 样品进行试验。

表 7.3　试验所需物料

样　　品	国外 A 品牌	国产 B 品牌
Rogers4350+FR4 六层混压板	20 pcs	20 pcs

3. 试验方法

沉银板测试项目表如表 7.4 所示，本试验共选取 11 项评估项目，对采用不同药水的 Im-Ag 表面处理工艺的性能进行系统性评估。其中恒温恒湿、3 次再流焊接和烤板主要评估药水的抗发黄氧化能力，盐雾测试和 H_2S 测试主要评估药水的抗腐蚀能力，这两个能力在实际使用中最容易发生质量问题，引起终端客户投诉，因此是药水的关键性能指标，需要重点评估。

表 7.4　沉银板测试项目表

项目序号	项　　目	检 查 方 法	验 收 标 准	样品数量
1	表观	目视、体视镜观察	银面洁白，无露铜现象	20
2	沉银厚度测试	X-ray 检测	0.1~0.5 μm	20
3	附着力	采用 3M 胶带测试	无镀层剥离	20
4	恒温恒湿（85℃/85%RH/24 h）	外观目检	无变色	2
		通过无铅锡炉进行可焊性测试	润湿面积>95%，无缩锡、粗粒状等缺陷	

项目序号	项　　目	检 查 方 法	验 收 标 准	样品数量
5	3 次再流焊接	外观目检	无变色	2
		通过无铅锡炉进行可焊性测试	润湿面积>95%，无缩锡、粗粒状等缺陷	
6	烤板（4 h/155℃）	外观目检	无变色	2
		通过无铅锡炉进行可焊性测试	润湿面积>95%，无缩锡、粗粒状等缺陷	
7	离子污染测试	离子污染测试仪	污染物含量≤3.0 μg/in²	2
8	银面 SEM 测试	扫描电子显微镜（SEM）	银面晶格致密，对比微空洞数量	2
9	盐雾测试	盐雾试验：在盐雾沉积速率为 1~2 mL/h、温度为 35±5℃、湿度为 95%RH~98%RH、pH 值为 6.5~7.2 的条件下反应 96 h	对比沉银板表面腐蚀情况	2
10	H₂S 测试	将测试板放置于有 H₂S 的干燥皿中，30 min 后观察银面情况	进行 H₂S 测试后沉银板不变色	2
11	贾凡尼效应	切片分析，放大镜观察	<1/5	2

7.2.2　试验结果分析

1. 沉银表现

在 10 倍体视显微镜下分别观察 BGA 及孔环等位置的银面表观，对比不同处理方式银面表观的差异，沉银表观测试结果如表 7.5 所示。国外 A 品牌与国内 B 品牌银面外观均良好，无外观不良。

表 7.5　沉银表观测试结果

测 试 项 目	国外 A 品牌	国内 B 品牌
BGA		

测 试 项 目	国外 A 品牌	国内 B 品牌
孔环	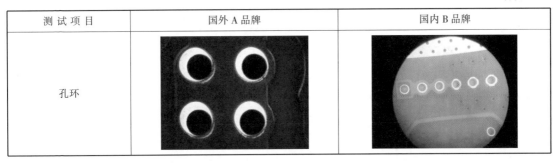	

2. 银厚

每种品牌各取 2 pcs 测试板测试其银厚，每块测试板正面、反面各测试一个点，测试焊盘大小为 1 mm×1 mm~2 mm×2 mm，银厚的标准要求为 0.1~0.5 μm，银厚测试结果如表 7.6。国外 A 品牌和国内 B 品牌的样品银厚均满足要求。

表 7.6　银厚测试结果

药　　水	银厚/μm				平均值/μm
	测试板 1		测试板 2		
国外 A 品牌	0.199	0.165	0.201	0.231	0.199
国内 B 品牌	0.309	0.303	0.288	0.337	0.309

3. 附着力测试

选择 3M 胶带分别对国外 A 品牌和国内 B 品牌进行附着力测试，观察是否有镀层、阻焊层剥离现象，沉银板附着力测试结果如表 7.7 所示。国外 A 品牌和国内 B 品牌均无掉油、掉银现象，附着力合格。

表 7.7　沉银板附着力测试结果

药　　水	国外 A 品牌	国内 B 品牌
3M 胶带测试		

4. 恒温恒湿测试后的耐变色能力和可焊性测试

（1）耐变色能力

将测试板在温度为 85℃，湿度为 85% 的环境中放置 24 h，确认银面外观是否符合品质要求，恒温恒湿测试后耐变色能力测试结果如表 7.8 所示。国外 A 品牌和国内 B 品牌均按要求完成测试 24 h 后，银面无变色，外观符合要求。

表 7.8　恒温恒湿测试后耐变色能力测试结果

方　式	国外 A 品牌	国内 B 品牌
恒温恒湿测试	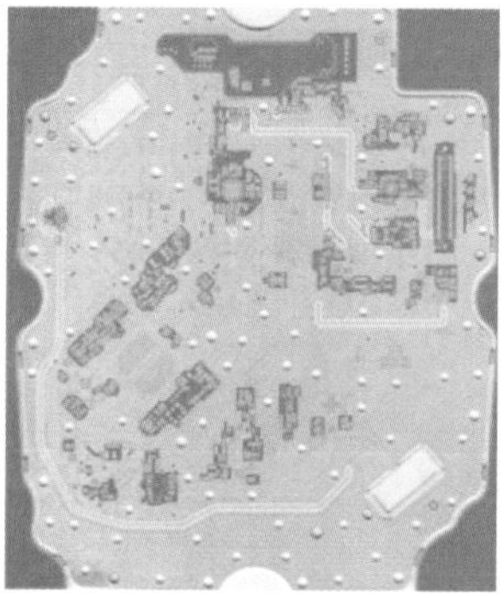	

（2）可靠性测试

取恒温恒湿测试后样品进行可焊性测试，采用浸锡法，无铅锡炉温度为 260℃，浸锡时间为 3 s，在 10 倍体视显微镜下观察上锡情况并拍照对比，可焊性测试结果如表 7.9 所示。在恒温恒湿测试后，按要求分别对国外 A 品牌和国内 B 品牌样品进行可焊性测试，在 10 倍体视显微镜下观察，上锡良好。

表 7.9　可焊性测试结果

方　式	国外 A 品牌	国内 B 品牌
可焊性测试	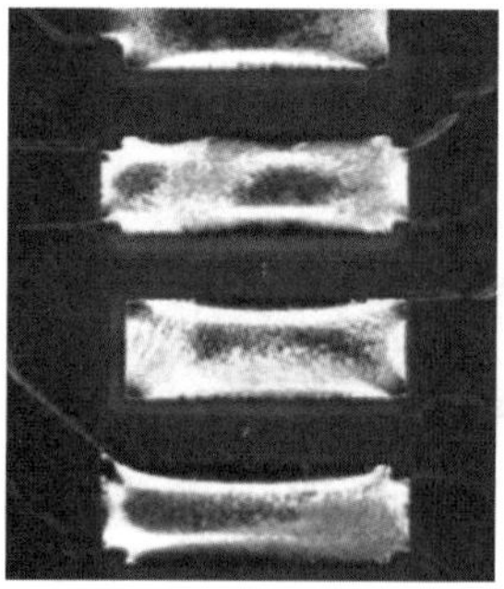 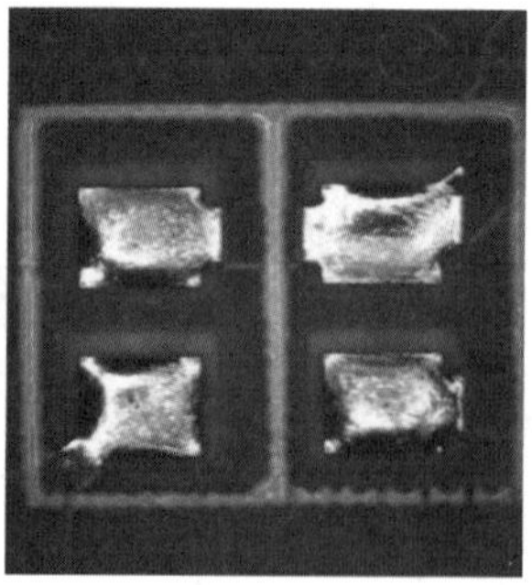	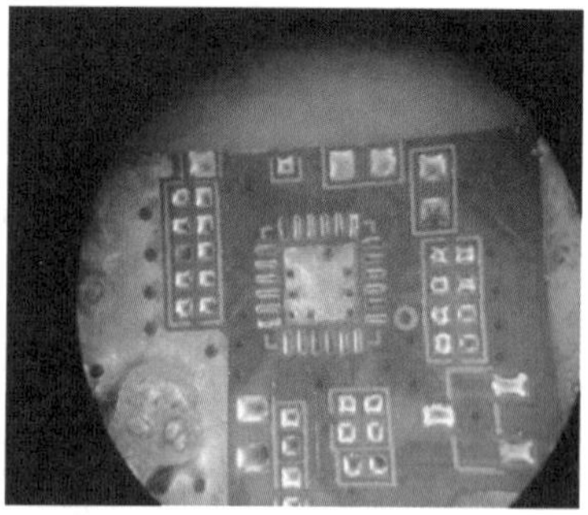

5. 再流焊接后耐变色能力测试和可焊性测试

(1) 耐变色能力测试

选择无铅再流焊接温度曲线进行测试，分别在无铅再流焊接 1 次、无铅再流焊接 2 次、无铅再流焊接 3 次后在体视显微镜下观察银面变色情况，再流焊接后耐变色能力测试结果如表 7.10 所示。国外 A 品牌无铅再流焊接 1 次后银面轻微发黄，无铅再流焊接 2 次、无铅再流焊接 3 次后银面严重发黄；国内 B 品牌无铅再流焊接 3 次后银面轻微变黄色，比国外 A 品牌好很多。

表 7.10　再流焊接后耐变色能力测试结果

处 理 方 式	国外 A 品牌	国内 B 品牌
无铅再流焊接 1 次	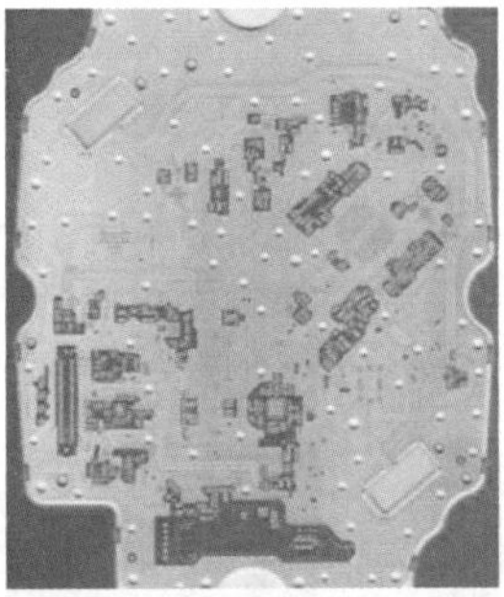	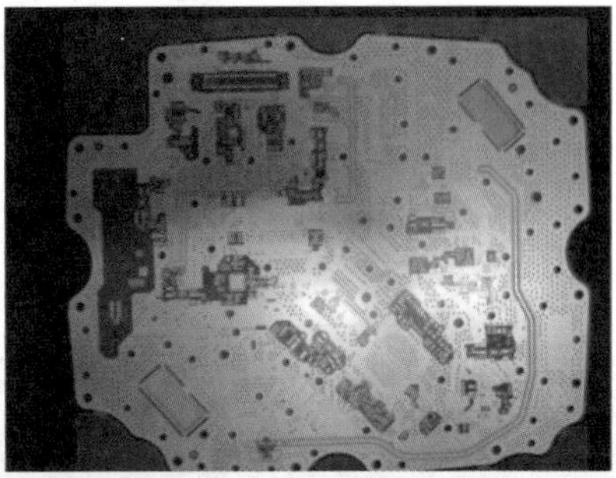
无铅再流焊接 2 次	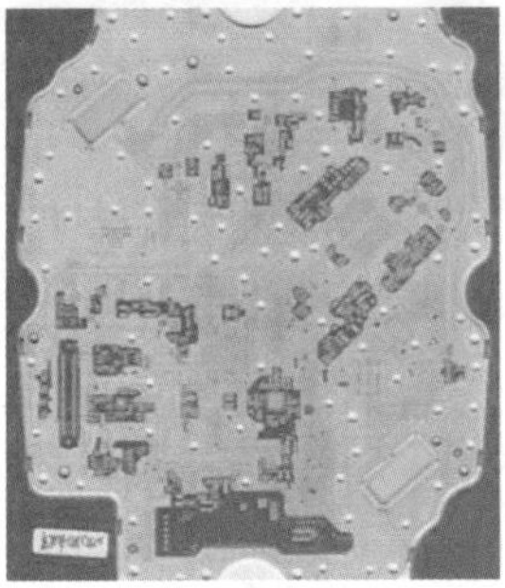	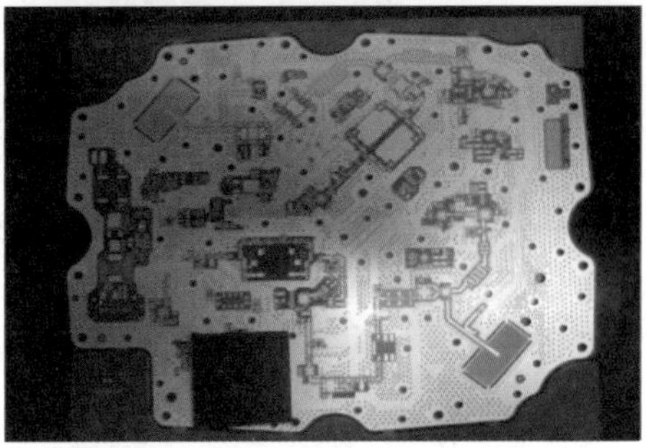
无铅再流焊接 3 次	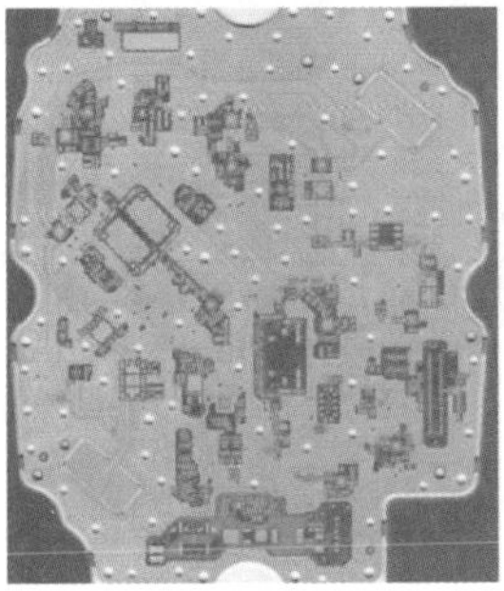	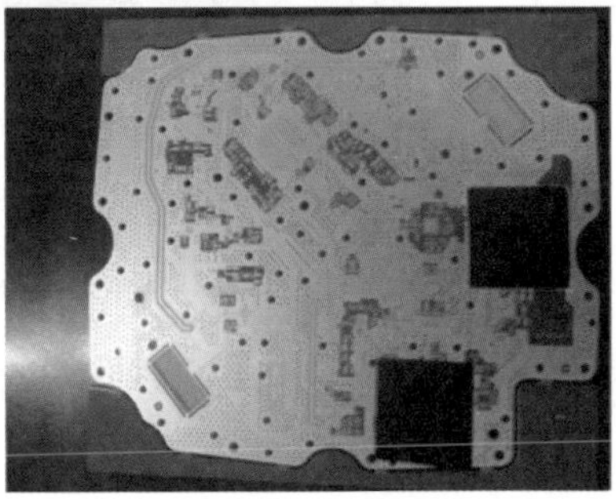

(2) 可焊性测试

分别在无铅再流焊接 1 次、无铅再流焊接 2 次、无铅再流焊接 3 次后的焊盘位置进行可焊性测试，采用浸锡法，无铅锡炉温度为 260℃，浸锡时间为 3 s，在 10 倍显微镜下观察上锡情况并拍照对比，可焊性测试结果如表 7.11 所示。无铅再流焊接后，按要求分别对国外 A 品牌和国内 B 品牌进行可焊性测试，分别在无铅再流焊接 1 次、无铅再流焊接 2 次、无铅再流焊接 3 次后，在 10 倍显微镜下观察，上锡均良好。

表 7.11　可焊性测试结果

处理方式	国外 A 品牌	国内 B 品牌
无铅再流焊接 1 次		
无铅再流焊接 2 次		
无铅再流焊接 3 次		

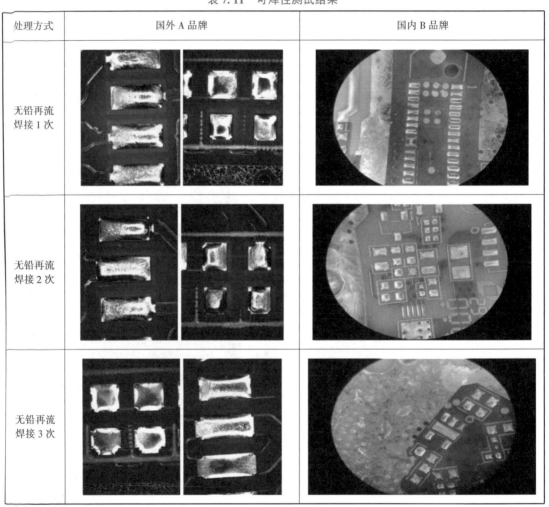

6. 烘烤后耐变色能力测试和可焊性测试

（1）耐变色能力测试

将烘烤后的测试板放在温度为 155℃的烤箱中 4 h 后，在体视显微镜下观察银面变色情况，烘烤后耐变色能力测试结果如表 7.12 所示。按要求烘烤后，国外 A 品牌测试板银面变色、发黄，国内 B 品牌测试板银面轻微发黄，比国外 A 品牌好很多。

表 7.12　烘烤后耐变色能力测试结果

处 理 方 式	国外 A 品牌	国内 B 品牌
烘烤	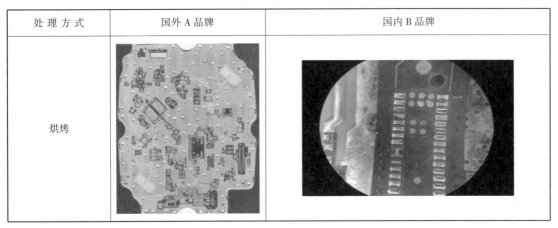	

（2）可焊性测试

取烘烤后样品进行可焊性测试，采用浸锡法，无铅锡炉温度为260℃，浸锡时间为3 s，在10倍显微镜下观察上锡情况并拍照对比，可焊性测试结果如表7.13所示。完成恒温恒湿测试后，按要求分别对国外 A 品牌和国内 B 品牌样品进行可焊性测试，在10倍显微镜下观察上锡均良好。

表 7.13　可焊性测试结果

处 理 方 式	国外 A 品牌	国内 B 品牌
可焊性测试	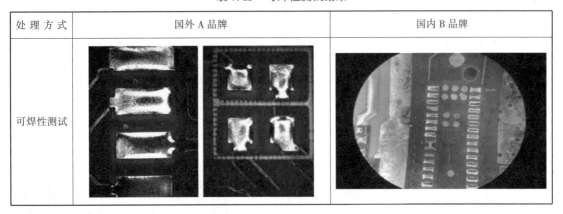	

7. 离子污染测试

使用离子污染测试仪对测试板进行离子污染测试，测试时间为15 min，对比不同处理方式下离子污染程度，污染物含量≤3.0 μg/in²为合格。离子污染测试结果如表7.14所示。按要求分别对国外 A 品牌和国内 B 品牌样品进行离子污染测试，结果均满足要求，国外 A 品牌好于国内 B 品牌。

表 7.14　离子污染测试结果

方　式	国外 A 品牌	国内 B 品牌
离子污染测试	污染物含量：$0\,\mu gNaCl/in^2$	污染物含量：$1.30\,\mu gNaCl/in^2$

8. 银面 SEM 测试

测试位置银厚均为 $0.25\,\mu m$，分别在 1000 倍、2500 倍、3000 倍放大倍数的扫描电子显微镜下观察银面微空洞并进行对比，银面 SEM 测试结果如表 7.15。通过 SEM 观察，国外 A 品牌测试板银面晶格清晰、无空洞；国内 B 品牌测试板银面存在小空洞。

表 7.15　银面 SEM 测试结果

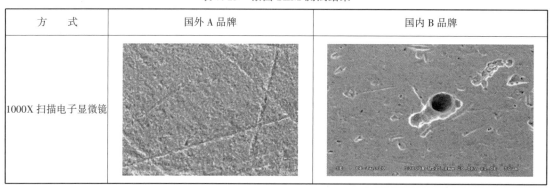

方　式	国外 A 品牌	国内 B 品牌
1000X 扫描电子显微镜		

9. 盐雾试验

使用盐雾试验箱，在盐雾沉积速率为 $1\sim 2\,mL/h$、温度为 $35\pm 2℃$、湿度为 $95\%RH\sim 98\%RH$、pH 值为 $6.5\sim 7.2$ 的条件下反应 96 h，观察银面和绿油层腐蚀情况。盐雾测试结果如表 7.16 所示。按要求进行盐雾测试 96 h 后，国外 A 品牌测试板银面完全被腐蚀；国内 B 品牌测试板银面轻微被腐蚀。

表 7.16　盐雾测试结果

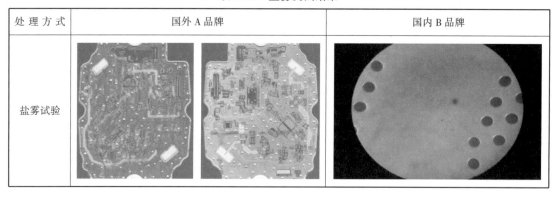

处 理 方 式	国外 A 品牌	国内 B 品牌
盐雾试验		

10. H₂S 测试

将采用不同药水处理的沉银测试板放置于有 H₂S 的密封干燥皿中，30 min 后观察银面情况。H₂S 测试结果如表 7.17 所示。按要求完成测试后，国外 A 品牌测试板正反两面非焊盘区域镀银层发黑，焊盘区域镀银层部分发黑；国内 B 品牌测试板正反两面非焊盘区域与焊盘区域镀银层均未发现异常。

表 7.17　H₂S 测试结果

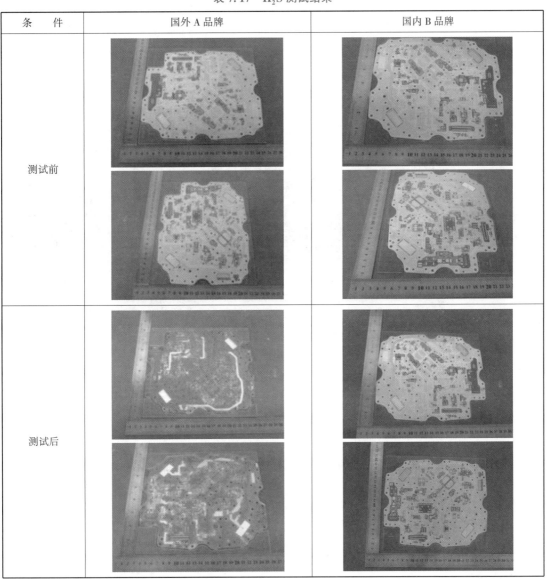

条　　件	国外 A 品牌	国内 B 品牌
测试前		
测试后		

11. 贾凡尼效应

贾凡尼效应又称原电池效应，贾凡尼效应测试方法如下：测试板沉银后，将板面的绿油剥落，用 10 倍显微镜检查，同时进行切片检测绿油开窗位置铜层厚度，查看绿油下面的线路和银层交界处，确认沉银药水是否反应过度，造成铜厚不够。贾凡尼效应测试结果如表 7.18 所示。从该表中可知，国外 A 品牌线与线咬蚀深度为 3.15 μm，线与面咬蚀深度为 8.49 μm；国内 B 品牌线与线咬蚀深度为 6.46 μm，线与面咬蚀深度为 9.39 μm。贾凡尼效应与是否增加泪滴、沉银厚度（如表 7.6 银厚所示，在此次测试中，国内 B 品牌样品银厚比国外 A 品牌样品银厚要厚）、绿油咬边（Undercut）以及沉银前处理的硝酸浓度都有关，这一点 PCB 厂家的制程管控需要特别关注。

表 7.18　贾凡尼效应测试结果

项　　目	国外 A 品牌 线与线	国外 A 品牌 线与面	国内 B 品牌 线与线	国内 B 品牌 线与面
贾凡尼效应测试				
测量值	3.15 μm	8.49 μm	6.46 μm	9.39 μm

7.2.3　结论

① 恒温恒湿、3 次再流焊接及烤板是评估 Im-Ag 药水抗发黄氧化能力的有效手段。

② 盐雾测试和 H_2S 测试可以有效区分 Im-Ag 药水的抗腐蚀能力。

③ 烘烤或者过炉导致银面发黄并不影响焊盘可焊性。

④ 遵照常规的 125℃、4 h 的烘烤要求，可有效控制银面发黄。

⑤ 沉银厚度过厚会导致比较严重的贾凡尼效应。

⑥ 不同品牌的 Im-Ag 药水性能差异较大，需要 PCB 厂家在生产制程中特别关注。

⑦ 通过对银面表观、沉银厚度、镀层附着力、恒温恒湿、3 次再流焊接、烤板、离子污染测试、银面 SEM 测试，以及盐雾测试、H_2S 测试和贾凡尼效应测试结果的系统性分析，可很好地识别 Im-Ag 药水的性能差异和优缺点。

7.3　PCB 表面处理工艺的选择

在现代电子产品应用和生产中，如何保持 PCB 表面在恶劣环境中的抗侵蚀能力和在存储过程中的可焊性一直是业界人士不得不面对的难题，人们希望能找到一种能较好地解决该难题的 PCB 表面处理工艺。下面笔者将介绍经过长时间全面可靠性和工艺适应性试验、具有优良的抗环境侵蚀能力和可焊性保持能力的 Im-Sn+热处理镀层工艺，并探讨和分析该工艺具有的抗环境侵蚀能力和可焊性保持能力的形成机理。

7.3.1　虚焊：影响 PCBA 组装可靠性的隐性杀手

现代电子产品组装几乎都是在 PCB 上来展开的，元器件引脚和 PCB 镀层的选择和质量直接决定了焊接的质量，也是导致虚焊的根源。对 PCB 来说，影响焊接缺陷发生率高低的主要因素是镀层的种类、镀层质量，以及镀层的耐环境侵蚀能力。在无铅制程中，目前 PCB 可焊性镀层主要有 ENIG Ni/Au、Im-Sn、OSP 和 Im-Ag 四种，在试验和应用中我们发现，它们都没有特殊明显的优势。因此，不同地区和国家选用的镀层类型都不一样，例如，美国优选 Im-Ag，欧洲只用 Im-Sn，日本较普遍采用 OSP（少量采用喷 Sn），我国较多采用 ENIG Ni/Au。

7.3.2　电子行业中 PCB 常用的可焊性镀层

1. ENIG Ni(P)/Au 镀层

（1）ENIG Ni(P)/Au 镀层特点

ENIG Ni(P)/Au（化学镀镍/金）工艺是在 PCB 涂覆阻焊层（绿油）之后进行的。其中，Ni 层是主体，Au 层的作用是防止 Ni 层钝化。通常，Ni 层的厚度为 $3 \sim 5 \, \mu m$，Au（纯度 99.99%）层分为以下两种：

- 化学镀薄 Au 层：又称浸 Au、置换 Au，厚度为 $0.025 \sim 0.1 \, \mu m$；
- 化学镀厚 Au 层（又称还原 Au），厚度为 $0.3 \sim 1 \, \mu m$，一般约为 $0.5 \, \mu m$。

（2）ENIG Ni(P)/Au 应用中的问题

① 黑盘问题很难根除，虚焊缺陷率往往居高不下。

黑盘的危害表现是，在焊接部位发生剥离，当黑盘现象严重时剥离部分的焊盘侧（镍表面）呈黑泥状，如图 7.8 所示。

焊接前黑盘焊点的金相切片如图 7.9 所示，焊接之后黑盘焊点的金相切片如图 7.10 所示。

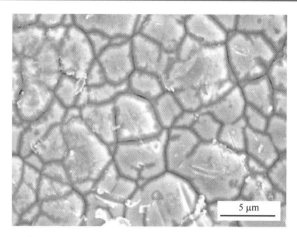

图 7.8　当黑盘现象严重时剥离部分的焊盘侧（镍表面）呈黑泥状

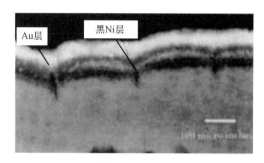

图 7.9　焊接前黑盘焊点的金相切片

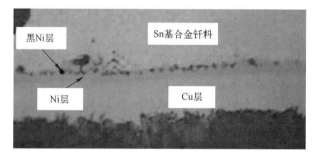

图 7.10　焊接之后黑盘焊点的金相切片

　　② 采用 ENIG Ni(P)/Au 工艺表面的二级互连可靠性比采用 OSP、Im-Ag、Im-Sn 以及 HASL-Sn 工艺等镀层的可靠性都要差。

　　③ 采用 ENIG Ni(P)/Au 工艺成本高，通常是采用 OSP 工艺成本的 10 倍。

　　④ 由于采用 ENIG Ni(P)/Au 工艺进行表面处理的 Ni-P 复合镀层的导电性比 Cu 差，所以，采用 ENIG Ni(P)/Au 工艺进行表面处理的 PCBA 在传输信号时，信号的传输速度会变

慢，尤其当 PCBA 工作频率超过 5 GHz 时，趋肤效应很明显，受到的影响就更大。

⑤ 一般情况下，焊接时间很短，只在几秒钟内完成，此时如果 Au 不能在焊料中均匀地扩散，则 Au 就会在局部形成高浓度层，当该高浓度层中 Au 的含量超过 0.3% 时很容易脆断，就会出现俗称的金脆现象。

2. Im-Sn 镀层

（1）Im-Sn 镀层的特点

① 在钢铁上 Im-Sn 镀层属于阳极镀层，只有该镀层无孔隙时，才能有效地保护钢铁免受腐蚀。Im-Sn 镀层被溶解下来的 Sn 原子对人身的毒性很小，又能耐有机酸，故广泛用于罐头工业。

② 采用不同的工艺方法获得的 Im-Sn 镀层的焊接性能不同。

③ 暗 Im-Sn 镀层外观呈无光泽的灰白色，其焊接性能比光亮 Im-Sn 镀层好，但它不能抵抗手汗渍的污染。暗 Im-Sn 镀层经热熔后，其可焊性最好，抗手汗渍污染能力也大为提高。

④ 光亮 Im-Sn 镀层焊接性能好，且在工序传递及存储过程中有很好的抗手汗渍和其他污染的能力。但是，光亮 Im-Sn 镀层中存在的有机添加剂在加热时会放出气体，会造成焊缝中出现气泡、裂口等缺陷，影响焊点的可靠性。

（2）Im-Sn 镀层在应用中的问题

① Im-Sn 镀层成本比 ENIG Ni(P)/Au 低，与 Im-Ag 和 OSP 的成本相当。

② 存在锡晶须问题，对精细间距与长使用寿命元器件影响较大，但对 PCB 的影响不大。

③ 存在锡瘟现象：锡相变点为 13.2℃，当低于该温度时锡将变成粉末状灰锡（α 锡），使强度完全丧失。

④ Im-Sn 镀层在高于 Sn 熔点 232℃ 温度环境下会加速与铜层的扩散运动，从而导致铜锡金属间化合物（IMC）的生长。

⑤ 新 PCB 的润湿性好，但储存一段时间后或多次再流焊接后润湿性下降快，因此后端应用工艺性较差。

3. OSP 镀层

（1）OSP 镀层的特点

① OSP 镀层是 20 世纪 90 年代出现的 Cu 表面有机助焊保护膜。

② 某些环氮化合物，如含有苯骈三氮唑（BTA）、咪唑、烷基咪唑、苯骈咪唑等的水溶液很容易和清洁的铜表面起反应，这些化合物中的氮杂环可与 Cu 表面形成铜的络合物——保护膜，保护膜可防止 Cu 表面氧化。大部分 OSP 镀层都是基于这一化学原理实现的。

（2）OSP 镀层在应用中的优势与问题

① 成本较低，工艺较简单。

② 当焊接加热时，铜的络合物很快分解，只留下裸铜。因为 OSP 镀层只是一个分子层，

而且在焊接时会被稀酸或助焊剂分解，所以不会有残留物或污染问题。

③ 对有铅焊接或无铅焊接均具有较好的兼容性。

④ OSP 镀层可与有机助焊剂和 RMA（中等活性）助焊剂兼容，但与较低活性的松香基免清洗助焊剂不兼容。

⑤ OSP 镀层厚度（目前多为 0.2~0.4 μm）对所选用的助焊剂的匹配性要求较高，而且不同的厚度对助焊剂的匹配性要求也不同。

⑥ 对储存环境条件要求高，车间寿命短，如果生产管理不能配合，就不能选用。

4. Im-Ag 镀层

（1）Im-Ag 镀层的特点

① Ag 在常温下具有很好的导热性、导电性和焊接性，高频损耗小，表面传导能力强。然而，Ag 对 S 的亲和力极高，大气中微量的 S（H_2S、SO_2 或其他硫化物）都会使其变色，生成 Ag_2S 和 Ag_2O 而丧失可焊性。

② Ag 的另一个不足之处是，Ag 离子很容易扩散，在潮湿环境中会沿着绝缘材料表面及体积方向迁移，使材料的绝缘性能劣化甚至短路。因此，不允许在 Ag 上镀 Au，也不允许将 Ag 作为镀 Au 前的中间层。因为 Ag 和 Au 之间扩散很快，当 Ag 扩散到 Au 层表面时会很快生成 Ag_2S 和 Ag_2O。

（2）Im-Ag 镀层在应用中的优势与问题

① 与 Au 或 Pd 相比其成本相对便宜。

② 有良好的引线键合性，先天具有与 Sn 基钎料合金的优良可焊性。

③ 在 Ag 和 Sn 之间形成的金属间化合物（Ag_3Sn）并没有明显的易碎性。

④ 在射频（RF）电路中由于趋肤效应，Ag 的高电导率特性正好可发挥作用。

⑤ 当与空气中的 S、Cl、O 接触时，在表面会分别生成 AgS、AgCl、Ag_2O，使其表面因失去光泽而发暗，影响外现和可焊性。

7.3.3　Im-Sn+热处理新工艺的研究与试验

1. 现有镀层技术抑制虚焊和抗环境侵蚀能力分析

经过上述对应用中的问题的分析，显然上述四种工艺各有优点和不足，没有一种综合性能均较优。笔者在电子组装行业工作多年，深知寻求一种新的镀层工艺，是抑制 PCB 焊盘虚焊和提高表面非焊接金属部分抗环境侵蚀能力的唯一出路。

2. 研试的目的和方法

本节介绍一种印制电路板耐腐蚀可焊镀层处理方法，用以解决由于镀层的多针孔性而导致 PCB 铜箔在存储一段时间后可焊性和耐环境的侵蚀能力下降快，后端应用工艺性较差的问题。

对于以往遇到的在 PCB 表面电镀 SnPb 合金镀层时的可焊性问题，可将 PCB 在 220℃ 的甘油中热熔一下，其表面就会由深灰色变得很光洁，而且库存能力和可焊性均得到了明显的改善。这样的措施对目前的 Im-Sn 镀层是否同样有作用？带着这样的疑惑笔者设计了一款无铅化试验样板，同时有意设计了一个较大面积的梳形电极区，而且将该区域布置在元器件的再流焊接面上，使其在再流焊接过程中，各种镀层都同等地经受了 232℃ ≤ T ≤ 245℃，时间为 30 s ≤ t ≤ 60 s 的再流焊接过程，对 Im-Sn 镀层来说，相当于重熔了一次，之后的波峰焊接将不会触及此区域。试验样板如图 7.11 所示。

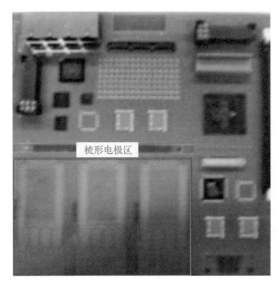

图 7.11 试验样板

3. 试验过程

① 样品经历了 SMT、THT 全流程及各项可靠性试验（如在工业大气中露天暴露一个月、盐雾试验、稳态湿热试验、500 次高低温循环试验、机械应力环境试验、模拟车间寿命的室内敞露一个月试验等）后，再共同在室内敞露一个月，然后将所有试验样本的梳形电极区域剪裁下来。

② 对剪裁下来的梳形电极样本的镀层表面全数在显微镜（×45）下进行检查，并且按要求选择了经历破坏性最大的盐雾试验的样本组进行拍照，以获取样本的抗恶劣环境侵蚀能力的数据。

③ 将所有经历上述过程的试验样本（750 pcs）在无铅装焊生产线上，在相同的设备条件、工艺参数和环境气候的一个短时间段（4 h）内进行波峰焊接。

④ 对经过波峰焊接的梳形电极镀层表面润湿情况全数（750 pcs）在显微镜（×45）下

进行检查。

⑤ 根据可焊性检测结果，按 IPC 相关标准要求将结果划分为润湿优良、润湿可接受、反润湿和不润湿等 4 种等级并分类进行数据统计，以获取样本在经历恶劣环境侵蚀后，可焊性的保持能力数据。

⑥ 按上述对可焊性质量的分类等级，分门别类拍取实物照片备存。

4. 试验结果

（1）抗恶劣环境的侵蚀能力（以盐雾试验后样本为例）

① Im-Sn+热处理样本组：合格率为 80.95%。

② OSP 样本数组：合格率为 13.04%。

③ Im-Ag 样本组：合格率为 0。

④ ENIG Ni(P)/Au 样本组：合格率为 0。

（2）经历各种恶劣环境侵蚀后可焊性的综合保持能力

① Im-Sn+热处理镀层合格率：91.67%。

② Im-Ag 镀层：合格率为 48.94%。

③ ENIG Ni(P)/Au 镀层：合格率为 31.91%。

④ OSP 镀层：合格率为 28.72%。

（3）综合评价

综述以上结果，Im-Sn+热处理镀层具有非常明显的优势。

7.3.4 Im-Sn+热处理镀层改善抗腐蚀能力和可焊性机理分析

1. Sn 及 Im-Sn 镀层

（1）Sn 的基本概念

Sn 原子量为 118.7，密度为 $7.29\,g/cm^3$。Sn 原子外层有 4 个电子，因此其化学性质很稳定，经常保持银闪闪的光泽。Sn 无毒，人们常把它镀在铜锅内壁，以防铜在热水中生成有毒的铜绿。人们也常把 Sn 镀在铁皮外边，用来防止铁皮被锈蚀。

Sn 不仅怕冷，而且怕热，当温度低于 13.2℃时会发生相变，由 β 相（白锡）演变为 α 相（灰锡），即发生锡瘟现象。而当温度达到 161℃以上时，白锡又转变成具有斜方晶系结构的斜方锡。斜方锡很脆，一敲就碎，延展性很差，被称为脆锡。白锡、灰锡、脆锡是锡的 3 种同素异性体。

（2）Sn 的氧化现象

① 1836 年法拉第首先发现在大气中，即使是在金属的光泽面上也存在极薄的不可见的

保护（氧化）膜，该现象后来也被俄罗斯科学院院士基斯加科夫斯基进一步确证，在大气中金属表面存在的薄的保护膜具有巨大意义。

② 在金属表面上会生成相应的化合物——氧化物和硫化物等，它们通常是一层紧密的薄膜，保护金属不再与周围的气体继续发生作用。

（3）Sn 的电镀层

Cu 原子外层只有一个电子，容易失去，故在常温下是不稳定的。在 Cu 表面镀 Sn，能防止 Cu 被氧化。但由于镀层疏松有针孔，使基体 Cu 表面与空气之间产生了通道，从而导致了下述两个后果：

① 大气中的氧和潮气通过镀层中的针孔与基体金属表面接触，使基体金属氧化和腐蚀。

② 由于 Sn 的标准电极电位比 Cu 低，为负极，故在 Cu 上镀 Sn 是阳极镀层，当潮气通过镀层中的针孔与基体金属表面接触时便形成一个微电池，镀层金属 Sn 被腐蚀。

2. Im-Sn 镀层

在 PCB 裸 Cu 箔上化学镀 Sn 本质上讲是化学浸 Sn，也是近年来在无铅化过程中，深受业界人士重视的可焊性镀层——Im-Sn 镀层。Im-Sn 镀层是由 Cu 与镀液中的络合 Sn 离子发生置换反应而生成的，当 Cu 表面被 Sn 完全覆盖后，反应即停止。

通过浸 Sn 化学反应所获得的 Im-Sn 镀层厚度为 $1.0 \sim 1.5 \, \mu m$，该厚度与镀液中的亚锡离子浓度、温度及镀层疏孔度等有关。

3. Im-Sn+热处理工艺的优势

与传统 Im-Sn 工艺相比，Im-Sn+热处理工艺具有以下优势。

① 本工艺提供的耐腐蚀可焊镀层处理方法可将具有 Im-Sn 镀层的 PCB 进行热处理，由于热处理的温度（235℃）超过了锡的熔点，所以 Im-Sn 镀层在热处理过程中将发生重熔，使原 Im-Sn 表面组织由无定形状改质为粗大结晶状，不仅可使其抗老化能力增强，还可以减缓锡表面氧化物的生成。热处理后的 PCB 镀层表面形貌如图 7.12 所示。

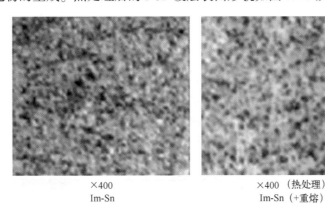

×400
Im-Sn

×400　（热处理）
Im-Sn （+重熔）

图 7.12　热处理后的 PCB 镀层表面形貌

② Im-Sn 镀层在热处理前和热处理后镀层断面如图 7.13 所示，该图展示了 Im-Sn 镀层在热处理前和热处理后镀层断面的微结构，其中图 7.13（a）展示为未经热处理的 Im-Sn 镀层断面切片的微结构，由该图可以看到，镀层疏松、多针孔；图 7.13（b）展示了经热处理后的 Im-Sn 镀层断面切片的微结构，经过重熔后的 Im-Sn 层和底层金属 Cu 之间在温度作用下发生了冶金反应，生成了一层薄的金属间化合物（Cu_6Sn_5），该金属间化合物增强了镀 Sn 层与底层金属 Cu 间的结合力，且镀层致密，间隙和针孔消失，厚度薄而连续，从而有效地保护了底层金属 Cu 不被氧化和侵蚀。所以，本工艺提高了 PCB 基板的抗恶劣环境侵蚀能力和可焊性，并且具有在库存和车间组装过程中保持可焊性不受操作环境影响的优势，从而极大地提高了 PCBA 焊点的优良率，抑制了虚焊，提高了焊点的可靠性。

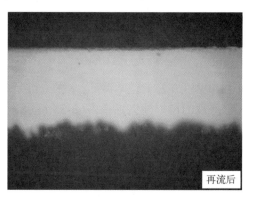

（a）Im-Sn金相切片（×1000）　　　　（b）Im-Sn+热处理金相切片（×1000）

图 7.13　Im-Sn 镀层在热处理前和热处理后镀层断面

③ Im-Sn 镀层热处理前后镀层断面切片如图 7.14 所示，该图采用扫描电子显微镜（Scanning Electron Microscope，SEM）得到。其中，图 7.14（a）红框内为未经热处理的 Im-Sn 镀层断面切片，由该图可见，镀层晶粒粗大、颗粒大小不均、疏松、晶隙多；图 7.14（b）红框内为经热处理后的 Im-Sn 镀层断面切片，由该图可见，镀层晶粒细化、颗粒均匀致密、镀层厚度均匀连续。

④ 经过热处理后释放了镀层的内应力，能有效地抑制锡须的生长，而且经过焊接后的纯锡层很快就被合金化，所以锡须问题对 PCB 焊点来说几乎可以忽略不计。

⑤ 由于热处理过程加速了 Cu 和 Sn 原子的相互扩散，加上镀层很薄，在应用过程中，由于 Cu 原子的扩散而导致原剩余的薄 Sn 层将逐渐被 Cu 元素所掺杂，因此，即使在非焊接区域（如背板保护层），锡瘟和锡须的发生条件也将被破坏而可忽略其影响。

⑥ 操作简便，只需要在目前现有的 PCB 化学镀 Sn 生产线的末端增加一台再流焊接炉，进行一次流动式热处理工序就可完成 Im-Sn+热处理。

⑦ 原有生产线改造成本低，再流焊接炉可采用目前市场上价廉的 5 温区再流焊接炉即可。

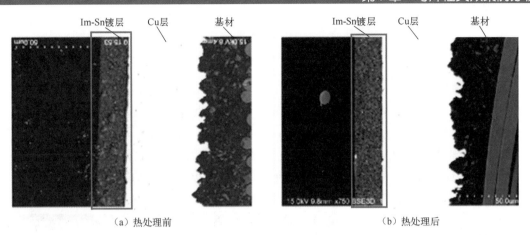

（a）热处理前　　　　　　　　　　　　　　　　　（b）热处理后

图 7.14　Im-Sn 镀层热处理前后镀层断面切片

4. Im-Sn+热处理工艺适用范围

① 波峰焊接：不论有铅还是无铅均可适用。

② 再流焊接：可广泛适用于峰值温度>235℃，再流焊接时间≥45 s 的再流焊接制程，但不适合于传统的有铅再流焊接制程。

7.3.5　总结

通过各种恶劣环境的多项可靠性试验证明，采用 Im-Sn+热处理工艺生产的 PCB 其抵抗恶劣环境的侵蚀能力和可焊性，与现有 Im-Sn、ENIG Ni（P）/Au、Im-Ag、OSP 等工艺技术相比，均表现出非常明显的优势：

① 能有效地抑制虚焊、冷焊，改善焊点质量，提升电子产品工作可靠性。

② 降低 PCB 存储和组装过程中对环境条件的要求，延长了车间寿命。

③ 降低电子产品的生产成本和使用成本。

7.4　5G 功放板翘曲问题研究

在 PCBA 再流焊接过程中，由于贴装温度高于 PCB 材料本身的 T_g，PCB 的刚度会在受到高温的过程中而降低；同时，由于客户的夹具设计和贴装方式的不同（单面贴装），在贴装第一面的再流焊接过程中，板中有些单元处于悬空状态，导致在焊接过程中，在元器件及PCB 在自身重力的影响下，这些单元中部因 PCB 刚性下降而向下拱曲，致使无法进行第二面的正常贴装、焊接。由于 5G 功放板一旦贴片后可维修性差，报废成本高，本节重点讨论5G 功放板的翘曲问题，希望可以给 PCB 的生产制造提供有价值的指导建议。

7.4.1 问题背景

1. 5G 功放板的定义

5G 功放板（俗称城堡板）是由一张芯板设计成的双层小板（基本尺寸约为 80 mm×80 mm），它与 AAU（Active Antenna Unit，有源天线单元）大板配套使用，1 块 AAU 大板对应多块 5G 城堡板，5G 功放板组装图如图 7.15 所示。如果城堡板有翘曲，在贴片过程中容易出现焊接不良，由于其可维修性差，会导致整个 5G 主板报废，造成巨大的经济损失。

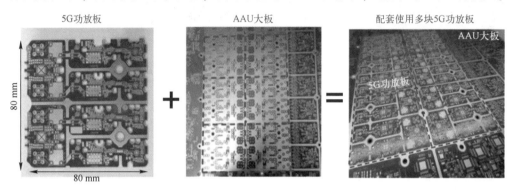

图 7.15　5G 功放板组装图

2. 5G 功放板的特点

（1）板件设计既小又薄

城堡板是由一张芯板加工而成的双层板，采用陶瓷基材料，外形尺寸约为 80 mm×80 mm（尺寸小），板厚约为 0.6 mm（板件薄），5G 功放板尺寸示意图如图 7.16 所示。

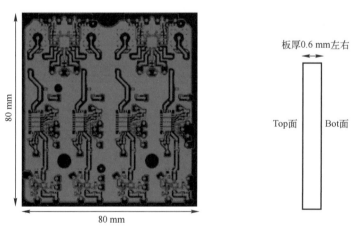

图 7.16　5G 功放板尺寸示意图

PCB 供方在生产过程中采用拼板设计加工，尺寸约为 450 mm×610 mm，大尺寸薄板在加工过程中在外力作用下极易弯曲，使板件翘曲。5G 功放板 PCB 供方生产拼板示意图如图 7.17 所示。

加工拼板数：1块生产板=42 pcs

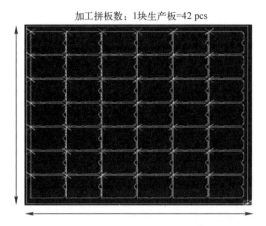

图 7.17　5G 功放板 PCB 供方生产拼板示意图

（2）板件双面残铜率差异大

元件面（Top 面）为信号层，蚀刻后残铜率为 75%，焊接面（Bot 面）为地层，蚀刻后残铜率约为 85%，造成两面残铜率有约 10% 的差异，残铜率差别大，正常板件双面残铜率应在 5% 以内。5G 功放板残铜率示意图如图 7.18 所示。

Top面残铜率：75%　　　　　　Bot面残铜率：85%

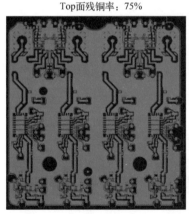 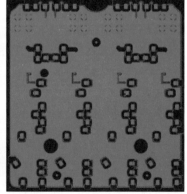

图 7.18　5G 功放板残铜率示意图

两层图形残铜率的差异，导致在加工过程中受到的应力不同（$F_1 > F_2$），使得板件两面因受力不均而发生翘曲；同时 PCB 供方使用大拼板进行加工，两面残铜率的差异进一步增加了翘曲的发生风险。5G 功放板翘曲示意图如图 7.19 所示。

图 7.19 5G 功放板翘曲示意图

7.4.2 失效原因分析

1. 5G 功放 PCB 生产制造全流程

5G 功放板从产品设计开始到最终的包装出货共涉及 11 道工序,其中,生产加工包括 9 道工序,具体如下所述。5G 功放板生产制造全流程如图 7.20 所示。

① 开料:按要求将芯板裁切成加工需要的尺寸;
② 钻孔:采用钻机加工层与层之间的通孔;
③ 电镀:在板面和孔壁上镀铜;
④ 图形:通过化学蚀刻方法去除外层局部铜,形成客户设计的图形;
⑤ 阻焊:在板面覆上一层阻焊油墨;
⑥ 化金:生成用于焊接的可焊性涂覆层;
⑦ 外形:通过铣床加工出客户需要的外形尺寸;
⑧ 测试:对板件进行功能性测试;
⑨ 成检:对板件进行外观检验。

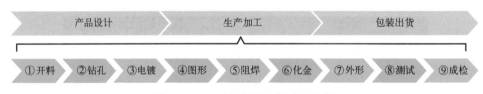

图 7.20 5G 功放板生产制造全流程

2. 影响 5G 功放板翘曲的因素分析

通过对 5G 功放板从产品设计→生产加工→包装出货的每道工序中可能会影响板件翘曲的因素进行排查和分析,笔者发现,产品设计,生产加工工序中的电镀、阻焊、外形和成检,以及包装出货等流程对板件的翘曲都有不同程度的贡献。影响 5G 功放板翘曲的工序如图 7.21 所示,具体分析如下。

(1) 在产品设计方面

此板为双面薄板,此双面板的图形设计不同,Top 面为信号层,残铜率为 75%,Bot 面为地层,残铜率为 85%,由于两层图形残铜率存在差异,使得板件两面在加工过程中受到

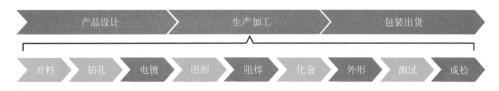

图 7.21　影响 5G 功放板翘曲的工序

的应力不同（$F_1 > F_2$），最终导致板件翘曲。5G 功放板图形设计对翘曲的影响如图 7.22 所示。

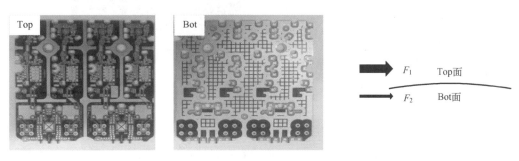

图 7.22　5G 功放板图形设计对翘曲的影响

（2）在生产加工方面

① 电镀工序对翘曲的影响：由于板件较薄，当将板件带进电镀槽中时，板件由于受到缸内药水流动的冲击会在缸内摆动，造成板件翘曲。电镀工序对翘曲的影响如图 7.23 所示。

图 7.23　电镀工序对翘曲的影响

② 阻焊工序对翘曲的影响：在 PCB 上涂覆阻焊油墨后，要在高温下长时间烘烤使其固化，常规做法是把板件插进插框里，再将插框放入烤箱内进行烘板。由于此板厚度较薄，在烘烤过程中为了保证板件不被烘箱中的热气流冲散，插框后会将板件两边卡紧，从而使 PCB

发生弯曲。另外，长时间烘烤后，在 PCB 内聚集的热应力也会使其翘曲，阻焊工序对翘曲的影响如图 7.24 所示。

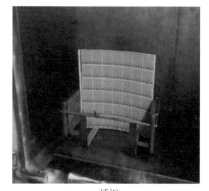

烘箱   插框

图 7.24   阻焊工序对翘曲的影响

③ 外形工序对翘曲的影响：板件在生产加工时，由 42 pcs 单板组合成 1 块大生产板进行加工，由于板件较薄，如果板件在前工序产生的应力没有在外形工序前释放，经外形加工工序分板后容易出现翘曲。另外，如果在外形加工后再去释放应力，不仅会对外形加工尺寸精度有一定影响，而且后续去应力的效率也会很低。外形加工工序对翘曲的影响如图 7.25 所示。

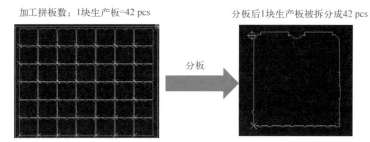

图 7.25   外形工序对翘曲的影响

④ 成检工序对翘曲的影响：在成检工序，工作人员将按客户标准对板件进行 100% 的翘曲检验。由于板件较薄在对其包装时受真空抽力影响，会出现反弹现象，故此，成检合格的板件在客户端仍有可能出现翘曲超标问题。

（3）在包装出货方面

此类板一般是 30 pcs 一组进行真空包装，在包装过程中板件两面没有用垫板进行固定保护，由于板件较薄，在抽真空过程中，板件易受包装时抽真空的抽力影响，从而产生变形，并且在运输或搬运过程中持续受抽力作用，导致翘曲进一步加剧。包装工序对翘曲的影响如图 7.26 所示。

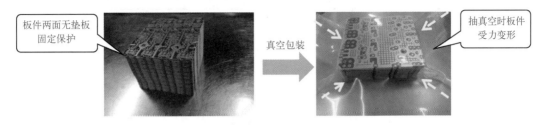

图 7.26　包装工序对翘曲的影响

7.4.3　5G 功放板翘曲改善措施

1. 图形设计优化

由于 Top 面和 Bot 面在残铜率和图形设计上有差异，在 Bot 面设计"十"字架，可以释放 Bot 面应力，有效改善翘曲。图形设计优化如图 7.27 所示。

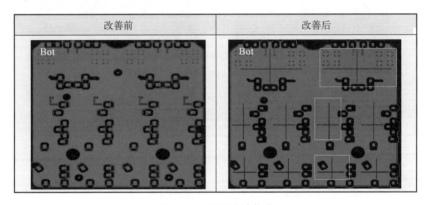

图 7.27　图形设计优化

2. 电镀方式优化

电镀方式由全板电镀改为 VCP 电镀（垂直连续电镀），在电镀过程中，没有了全板电镀因摇摆和药水流动的冲力剧烈晃动，从而避免了因受外力产生的翘曲。电镀方式优化如图 7.28 所示。

3. 阻焊方式优化

取消插框式烘板，采用新型隧道式烘箱，只需要将板件放置在水平烘架上，在整个烘烤过程中板件不受任何外力作用，可以有效避地免翘曲产生，阻焊方式优化如图 7.29 所示。

4. 生产工序优化

在外形工序前增加返压工序，用压机校正在前工序中由于外力作用导致的翘曲。生产工序优化如图 7.30 所示。

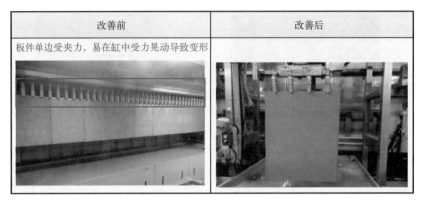

图 7.28　电镀方式优化

图 7.29　阻焊方式优化

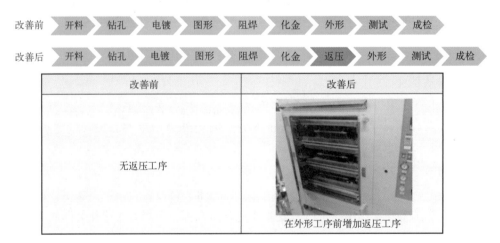

图 7.30　生产工序优化

5. 成品检验标准优化

将翘曲的检验标准的绝对变形量在客户标准的基础上提高 30%，保证后续即使出现反弹也不会超过客户标准。

6. 包装工序优化

在包装时使用两张垫板对板件的两面进行保护，避免板件在抽真空时因受应力作用而变形，还可有效保护板件在运输及搬运过程中不受外力影响。包装方式优化如图 7.31 所示。

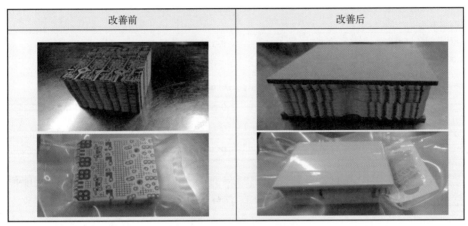

图 7.31 包装方式优化

7. 板件翘曲效果检验

板件翘曲效果可从减少外力作用及释放板内压力两方面着手改善。分别取同一生产批次的板件进行翘曲效果验证，从收集的采取改善措施后的效果验证数据可知，电镀、阻焊、包装工序在采取措施后翘曲有些许改善，但由于板件应力未得到释放，在静置 48 h 后，有明显反弹，改善效果不明显；而在外形工序前导入返压流程，不仅可将外形工序前板件的翘曲进行了校正，而且板件内部的应力也得到了释放，因此，在静置 48 h 后未发现有明显反弹现象，改善效果显著。各项措施效果检查如表 7.19 所示。

表 7.19 各项措施效果检查

改善工序	改善机理	板件翘曲高度/mm	改善前后措施	板件翘曲高度/mm	静置48 h后的翘曲高度/mm	翘曲高度前后差异/mm	翘曲高度差平均值/mm
电镀	减少外力作用	0.571	改善前：电镀上板，板边不加边条	0.650	0.792	0.221	0.2545
		0.317		0.575	0.605	0.288	
		0.686	改善后：电镀上板，板边增加边条	0.650	0.677	−0.009	0.0375
		0.418		0.426	0.502	0.084	

改善工序	改善机理	板件翘曲高度/mm	改善前后措施	板件翘曲高度/mm	静置48 h后的翘曲高度/mm	翘曲高度前后差异/mm	翘曲高度差平均值/mm
阻焊	减少外力作用	0.262	改善前：插框式烘板	0.525	0.58	0.318	0.359
		0.612		0.617	0.712	0.4	
		0.038	改善后：水平隧道烘箱	0.154	0.203	0.065	0.052
		0.062		0.079	0.101	0.039	
外形	释放板内应力	0.319	改善前：在外形工序前无返压工序	0.419	0.527	0.108	0.1215
		0.079		0.679	0.814	0.135	
		0.264	改善后：在外形工序前增加返压工序	0.120	0.144	-0.42	-0.3265
		0.304		0.059	0.071	-0.233	
包装	减少外力作用	0.097	改善前：裸板包装	0.625	0.732	0.635	0.457
		0.422		0.525	0.701	0.279	
		0.055	改善后：使用两面垫板保护	0.087	0.141	-0.014	0.0365
		0.366		0.302	0.453	0.087	

以上措施综合使用，再加上提高翘曲出货检查标准，5G 功放板翘曲程度就能满足 SMT 的贴片要求，翘曲不良从开始的 300 ppm（百万分之三百）左右降低到 0。

7.4.4　总结

① PCB 的图形设计、电镀方式、阻焊工艺、外形工艺及包装方式是影响 5G 功放板翘曲的主要因素。

② 可以从减少外力作用和释放板内应力两方面着手改善翘曲问题，其中在外形工序前增加 PCB 返压工序对于 5G 功放板的翘曲改善效果最为明显。

③ 在进行 5G 功放板的设计时，应该提前考虑翘曲问题，从设计端预防翘曲。

第 8 章　电源 PCB 失效案例分析

8.1　厚铜板薄介质材料的选择

电源厚铜 PCB 采用环形线取代原先变压器部分的设计模式，因为其具有良好的载电流能力和良好的散热性能，广泛被应用于变压器、电感装置和电源模块。电子产品的薄型化、小型化的发展，迫切需要 PCB 具有更高的导热能力，使薄芯厚铜多层板的应用更加广泛。传统 16 层内层 4 oz 铜厚、外层 2 oz 铜厚的电源板成品板厚中值在 4 mm 以上，要做到 3.60 mm，各层间介质层厚度就要相应地降低，这对成品 PCB 的填胶、耐压和耐 CAF 性能都带来了极大的挑战。本章重点探究厚铜电源板薄介质技术的可行性，对厚铜板的设计选型具有重要的实践指导意义。

8.1.1　试验条件及方法

1. 试验板设计要求

厚铜板如果设计不当将会出现填胶不满的缺陷。由于内层芯板铜箔较厚，在层压过程中需要填充的树脂量大增，一旦树脂量不够，就容易出现树脂空洞问题，在电性能测试过程中容易失效，在高温下容易出现裂纹，同时还会带来耐电压不良和 CAF 不良问题，所以根据实际产品的设计要求，试验板必须满足表 8.1 所示的试验板设计要求，以最终满足板厚及可靠性要求。

表 8.1　试验板设计要求

序号	项　　目	设 计 要 求
1	通孔非功能盘设计	L2、L8、L9、L15 需要设计非功能焊盘，环宽正常设计
2	最小钻孔孔径	0.40 mm
3	最小成品孔径	0.30 mm
4	每层残铜率	最小 65%，最优≥75%，尽量均匀分布，当残铜率不够时需要铺平衡铜点

序号	项　目	设 计 要 求
5	图形设计	交货拼图尽量对称
6	PP 片介质厚度	半铜牙到半铜牙介质厚度最小为 3 mil，中值为 3.50 mil。控制板厚上限为 3.96 mm
7	芯板（Core）介质厚度	芯板（Core）介质厚度为 3.20 ~ 3.80 mil，中值为 3.50 mil。控制板厚中值为 3.60 mm，上限为 3.96 mm
8	铜箔	芯板（Core）采用 RTF 铜箔搭配 2 张或 3 张 PP 片
9	最小孔壁间距	最小孔壁间距≥0.50 mm

注释：1 mil = 0.0254 mm。

2. 试验板叠层方案设计

电源厚铜板内层芯板铜较厚，直接导致芯板无铜区到填胶的 PP 片的距离拉远，该区域需要填充大量树脂，这些树脂部分经过了玻璃纱过滤，其填料成分被过滤在玻璃纱上。由于这部分树脂的 Z-CTE 相对较高，在高温下，容易出现裂纹。所以必须选择填胶性能和耐CAF 性能都很好且具有极低 Z-CTE 的材料，采取叠层设计。笔者经过多次试验发现，S 材料在温度为 50 ~ 260℃时，其 Z 向热膨胀系数的变化率为 2.3%，该材料的 T_g 值为 200℃，可以满足厚铜薄介质的设计要求，故结合实际产品及可靠性测试要求，提出了如图 8.1 试验板设计方案，该测试板主要关注耐电压、耐 CAF、填胶等关键性能指标，测试板各图形含义如表 8.2 所示。

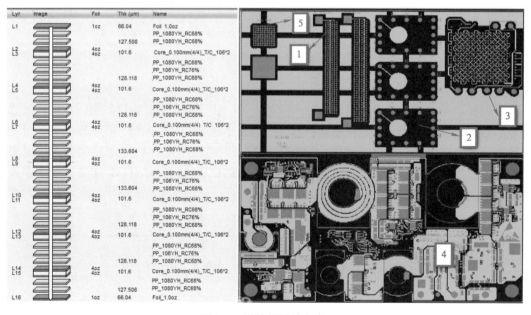

图 8.1　试验板设计方案

表 8.2　测试板各图形含义

图形	图 形 含 义
1	耐 CAF 测试图形，保证孔壁到孔壁的距离 ≥0.50 mm，不出现 CAF
2	耐压测试完全不重叠、重叠 50%、完全重叠，耐压 1500 VDC，每次加压 500 V，直到耐压失效
3	冷热冲击试验，孔壁间距为 0.80 mm
4	功能单板区，测试实际的单板性能
5	测试 0.30 mm 孔径能力，验证最小孔径能力

3. 试验板测试方案

根据实际产品性能需求，笔者设计了一个具有 9 项关键性能指标的试验板测试方案，如表 8.3 所示。

表 8.3　试验板测试方案

序号	检 验 项 目	测 试 方 法	样品数量
1	板厚	采用螺旋测微器 8 点法测量成品板厚度	20 pcs
2	冷热循环测试	在 125℃ 下完成烘板 4h、进行无铅再流焊接 5 次预处理；−55℃ ~ +125℃，在进行 100 次循环冷热冲击前后测量阻值变化率	20 pcs
3	热冲击	将试验板在 125℃ 下完成烘板 4h 预处理，再将其在 288℃ 下保持 10 s，重复 3 次，进行热应力测试，通过切片方式确认试验板内部结构的完整性	20 pcs
4	无铅再流焊接测试	在 125℃ 下完成烘板 4h 预处理后，进行无铅再流焊 5 次，观察试验板外观，通过金相切片方式确认其内部结构的完整性	20 pcs
5	介电层厚度	切片确认介电层厚度	5 pcs
6	不同位置填胶能力	切片确定填胶能力	10 pcs
7	耐电压能力	对各介电层采用耐电压测试仪进行 1500 V/0.1 mA/30 s 测试	20 pcs
8	极限耐电压能力	从 1500 V 开始，每次增加 100 V，直到失效（为了人身安全，最高为 8 kV）	20 pcs
9	耐 CAF 能力	在 125℃ 下烘板 4h，使试验板在温度 85℃±5℃，湿度 85% ~ 93% 的情况下，在持续 168 h 偏压 100 V 前后测量其绝缘电阻值	10 pcs

8.1.2　试验结果分析

1. 板厚测量结果

采用螺旋测微器测量 20 pcs 样品，在每件样品上测量，板厚测量位置如图 8.2 所示，板厚为 3.48 ~ 3.75 mm，满足 3.60 mm +/−0.36 mm 的设计公差要求，板厚测量结果如图 8.3 所示。

2. 冷热循环测试结果

20 pcs 样品完成 100 次循环后，阻值变化率最大为 1.32%，满足电阻变化率小于 10% 的要求，在冷热循环后，通过切片未发现分层爆板等问题。冷热循环电阻变化率如表 8.4 所示，冷热冲击前后切片如图 8.4 所示。

图 8.2　板厚测量位置

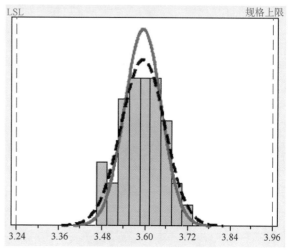

图 8.3　板厚测量结果

表 8.4　冷热循环电阻变化率

编号	初始值电阻/Ω	冷热循环后电阻/Ω	变化率/（%）
1#	0.7	0.7	0.00
2#	0.72	0.72	0.00
3#	0.78	0.78	0.00
4#	0.74	0.74	0.00
5#	0.75	0.75	0.00
6#	0.72	0.72	0.00
7#	0.76	0.76	0.00
8#	0.75	0.75	0.00
9#	0.76	0.77	1.32
10#	0.75	0.75	0.00
11#	0.73	0.73	0.00
12#	0.74	0.74	0.00
13#	0.77	0.78	1.30
14#	0.75	0.75	0.00
15#	0.72	0.72	0.00
16#	0.74	0.74	0.00
17#	0.75	0.75	0.00
18#	0.75	0.75	0.00
19#	0.76	0.76	0.00
20#	0.73	0.73	0.00

（a）冷热冲击前　　　　　　　　　　　（b）冷热冲击后

图 8.4　冷热冲击前后切片

3. 热冲击测试结果

取 20 pcs 样品，在 125℃下进行烘板 4 h 预处理，然后将样品在 288℃下保持 10 s，重复 3 次，进行热应力测试，通过切片分析未发现异常，热冲击后的切片如图 8.5 所示。

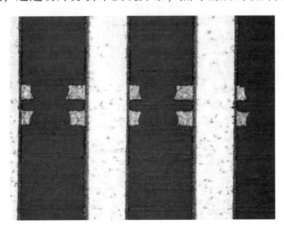

图 8.5　热冲击后的切片

4. 无铅再流焊接测试结果

取 20 pcs 样品，在 125℃下进行烘板 4 h 预处理，在 260℃下进行无铅再流焊接 5 次，外观确认未发现起泡现象，切片孔壁完整，芯吸为 20.56 μm，凹凸度为 13.3 μm。取间距为 0.8 mm 的 BGA 进行切片分析未发现异常。5 次无铅再流焊接后的切片如图 8.6 所示。

5. 介电层厚度测试结果

取样 5 pcs 样品切片测量各层介电层厚度均大于 90 μm，满足耐压的厚度要求，介电层厚度典型值如表 8.5 所示。

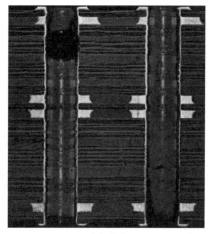

（a）整孔

（b）凹凸度

（c）芯吸

图 8.6　5 次无铅再流焊接后的切片

表 8.5　介电层厚度典型值　　　　　　　　　　　　　单位：μm

层　　次	样 品 编 号				
	1#	2#	3#	4#	5#
L1-L2	90.1	93.5	91.3	105.3	99.9
L2-L3	99.3	97.8	99.9	97.8	102.1
L3-L4	103.1	115	118.2	115	115
L4-L5	93.5	99.9	98.8	97.8	101
L5-L6	101	113.9	118.2	123.6	117.1
L6-L7	90.2	97.8	99.9	99.9	96.7
L7-L8	92.4	118.2	119.3	108.5	125.7

续表

层　次	样品编号				
	1#	2#	3#	4#	5#
L8-L9	90.2	98.8	101	94.5	104.2
L9-L10	97.8	103.1	108.5	102.1	105.3
L10-L11	90.2	99.9	99.9	93.5	97.8
L11-L12	99.9	115	108.5	110.7	117.1
L12-L13	90.2	96.7	102.1	96.7	102.1
L13-L14	98.8	108.5	106.4	97.8	106.4
L14-L15	93.5	102.1	96.7	95.6	102.1
L15-L16	118.2	121.4	134.3	130	134.3

6. 不同位置填胶能力测试结果

取 10 pcs 样品进行切片确认，各位置填胶完整，填胶典型照片如图 8.7 所示。

图 8.7　填胶典型照片

7. 耐电压能力与极限耐电压能力测试结果

取 20 pcs 样品，在每件样品上施加 1500 V 的电压，保持 30 s，样品无任何闪络、火花放电或击穿等现象，测试合格。在 1500 V 电压的基础上，每次增加 100 V，直到样品失效（为了人身安全，最高加到 8 kV），最高耐电压值为 3800~8000 V。其中，孔间距为 3.2 mm 网络极限耐电压均值为 4539 V，孔间距为 5.6 mm 时的网络极限耐电压均值为 6923 V。极限耐电压能力测试结果如表 8.6 所示，该表中只给出了部分测试结果。

8. 耐 CAF 能力测试结果

在常态下测试绝缘电阻，绝缘电阻均大于 500 MΩ；经 168 h 湿热（85℃、85%RH）偏压 100 V 处理后，绝缘电阻均大于 500 MΩ，满足 IPC-6012D 三级要求（常态和湿热后绝缘电阻值大于 500 MΩ）。取电阻变化率最大的板件进行切片分析，确认芯吸无明显增长，测试结果合格。湿热前后切片如图 8.8 所示。

表 8.6　极限耐电压能力测试结果　　　　　　　　　　单位：V

层次	100%重叠	50%重叠	不重叠	层次	100%重叠	50%重叠	不重叠
L1–L2	4400	4800	4300	L9–L10	5250	5000	4400
L2–L3	4600	4300	4050	L10–L11	5100	4800	4150
L3–L4	4350	4500	4150	L11–L12	4850	4700	4400
L4–L5	4450	4100	4850	L12–L13	4400	4450	4600
L5–L6	5900	6900	5650	L13–L14	7150	6850	7650
L6–L7	6600	6850	7250	L14–L15	7100	6550	7500
L7–L8	6950	6650	7000	L15–L16	6750	6600	8000
L8–L9	6900	7150	7450				

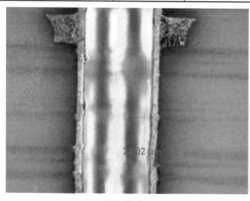

（a）常态　　　　　　　　　　　　　　　　　（b）湿热后

图 8.8　湿热前后切片

8.1.3　总结

① 在本节中，笔者通过优化设计、选用合适的板材、探索特殊 PCB 加工工艺，解决了行业厚铜薄板的技术难题，证明了电源板厚铜薄介质技术是可行的，笔者所在公司已经有实际产品在应用。

② 厚铜薄介质 PCB 的板材选择非常重要，目前市场上已经有满足厚铜薄介质技术要求的板材可供使用。

③ 在进行厚铜薄介质 PCB 设计时，要充分考虑电源 PCB 的耐电压、耐 CAF 及填胶的特殊要求。

8.2　电源高导热材料的选择

随着电子设备不断将更强大的功能集成到更小组件中，温度已成为影响可靠性最重要的因素。统计数据表明，电子元器件温度每升高 2℃，可靠性下降 10%；温升 50℃ 时的寿命只有温升 25℃时寿命的 1/6。所以，加强 PCB 散热，降低元器件的温度是设计急需要考虑的问题。传统的用铜基和铝基增强散热的方式不但给设计带来很大的局限性，而且会增加 PCB 采购成本。故此，电源高导热性能板材的需求便应运而生了。本节重点研究 4 种高导热材料的特性，为电源高导热材料的应用提供技术支持。

8.2.1　试验条件及方法

1. 材料选择

根据实际电源产品的需求，选取 14 层厚铜电源产品进行验证。为了充分验证材料的可加工性以及成品 PCB 的高导热性，笔者选取了目前行业内常用的 4 种高导热材料，4 种高导热材料性能参数对比如表 8.7 所示。

表 8.7　4 种高导热材料性能参数对比

材料特性	A 品牌	B 品牌	C 品牌	D 品牌
T_g 值	>140℃	140℃	142℃	160℃
导热性	ASTM D5470 1.6+/-0.1 W/(m·K)	ASTM D5470 ≥1.0 W/(m·K)	ASTM D5470 1.5 W/(m·K)	ASTM D5470 1.8 W/(m·K)
可燃性	UL-94 Class V-0	UL-94 Class V-0	IPC-TM-650 2.3.10 Class V-0	UL-94 Class V-0
剥离强度	1.15 N/mm	1.20 N/mm	1.50 N/mm	0.88 N/mm
热应力	300℃，20 s	300℃，20 s	288℃，150 s	300℃，30 s

2. 样品设计要求

为了让试验结果更贴近产品的实际需求，选取一块 14 层厚铜板进行加工试验，以便更好地考察高导热材料的可加工性。样品外观如图 8.9 所示，样品设计要求如表 8.8 所示，样品叠层设计如表 8.9 所示。

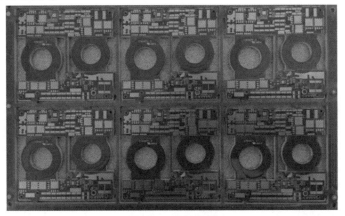

图 8.9　样品外观

表 8.8　样品设计要求

样　　品	铜厚：内层 4 oz，外层 1 oz
板厚/mm	3.4+0.27/−0.34
尺寸/in	5.3386×8.3937
最小线宽/线距/mil	9.843/9.843
板层	14
最小钻嘴大小/mm	0.4
孔铜要求/μm	≥50
塞孔要求	POFV
表面处理	ENIG
耐电压测试	≥1500 V
电感测试	是

注释：1 in = 25.4 mm；1 mil = 0.0254 mm。

表 8.9　样品叠层设计

层数	成品铜厚、板材和 PP 片	成品介质层厚度/mil
01top.art	1oz+plating	
	PP 片（106RC89＊2）	6.24
02is01.art	4 oz	
	Core	3.94
03is02.art	4 oz	
	PP 片（106RC89＊2）	4.22
04is03.art	4 oz	
	Core	3.94
05is04.art	4 oz	
	PP 片（106RC89＊2）	4.19
06is05.art	4 oz	
	Core	3.94
07is06.art	4 oz	
	PP 片（106RC89＊2）	4.17
08is07.art	4 oz	
	Core	3.94
09is08.art	4 oz	
	PP 片（106RC89＊2）	4.24
10is09.art	4 oz	
	Core	3.94
11is10.art	4 oz	
	PP 片（106RC89＊2）	4.18
12is11.art	4 oz	
	Core	3.94
13is12.art	4 oz	
	PP 片（106RC89＊2）	6.21
14bottom.art	1 oz+Plating	
完成厚度	3.4+0.272/−0.34 mm	

3. 重点关注指标

因为高导热材料材质硬，胶的流动性差，所以在评估材料特性时需要重点关注以下几个指标：

① 压合参数及压合后的热应力表现。

② 钻孔的钻嘴参数设置及孔的品质。

③ 铣外形铣刀的寿命及外形的品质。

④ 1500 V 耐压的能力。

⑤ 实际产品的降温效果。

8.2.2 试验结果分析

1. 压合

（1）压合参数

上述 4 种材料对内层残铜率的要求均不一样，A 品牌要求残铜率≥70%，B 品牌要求残铜率≥65%，C 品牌要求残铜率≥75%，D 品牌要求残铜率≥70%。同时，在升温速率方面，4 种材料对压合升温速率、压合压力要求均较高，其中 C 品牌的升温速率明显比其他三种材料慢很多。压合参数如表 8.10 所示。

表 8.10　压合参数

项　　目	A 品牌	B 品牌	C 品牌	D 品牌
残铜率	72%~74%	70%~73%	75%~76%	70%~71%
熔胶温度	240℃	240℃	240℃	240℃
熔胶时间	180 s	180 s	180 s	180 s
升温速率	3.33℃/min	3.0℃/min	1.57℃/min	4.28℃/min
最大压力	450 psi	450 psi	450 psi	450 psi
最高温度	220℃	220℃	210℃	215℃

注释：1 psi = 6.895 kPa = 0.0689476 bar = 0.006895 MPa。

（2）压合后厚度

与其他 3 种材料相比，C 品牌的压合板厚控制比较困难，整体板厚超过上限。压合后板厚如表 8.11 所示。

表 8.11　压合后板厚

材　　料	板厚/mm				要求板厚/mm
A 品牌	3.24	3.27	3.27	3.24	3.18+0.246
	3.1	3.19	3.19	3.25	
	3.36	3.34	3.31	3.4	
	3.24	3.27	3.25	3.33	
B 品牌	3.35	3.24	3.23	3.21	
	3.3	3.27	3.22	3.21	
	3.33	3.29	3.2	3.2	
	3.41	3.45	3.39	3.33	
C 品牌	3.55	3.55	3.65	3.52	
	3.61	3.53	3.48	3.55	
	3.59	3.49	3.44	3.56	
	3.59	3.57	3.62	3.58	

材　　料	板厚/mm				要求板厚/mm
D 品牌	3. 41	3. 4	3. 37	3. 35	3. 18+0. 246
	3. 16	3. 35	3. 32	3. 24	
	3. 42	3. 35	3. 23	3. 22	
	3. 37	3. 19	3. 27	3. 42	

（3）热应力

取间距为 0.5～1.0 mm 的 BGA 分别进行 260℃、3 s 的浸锡热应力测试，10 次后进行切片观察层间结合状况，均未发现分层，热应力切片结果如图 8.10 所示。

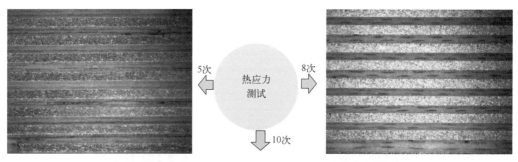

图 8.10　热应力切片结果

2. 钻孔

（1）钻孔参数

因为高导热材料本身的陶瓷粉填料比例比较高，再加上样品内层铜厚较厚，所以对刀具的磨损比较严重。用于对高导热材料进行钻孔的钻嘴的寿命较用于对普通 FR4 材料进行钻孔的钻嘴明显短，其中，与其他 3 种材料相比较，用于对 B 品牌材料进行钻孔的钻嘴的寿命具有明显有优势。钻孔参数如表 8.12 所示。

表 8.12　钻孔参数

参　　数	A 品牌	B 品牌	C 品牌	D 品牌
钻嘴寿命/孔	50	200	50	100
转速/（kr/min）	95	95	95	95
下刀速度/（m/min）	2	2	2	2

（2）钻孔效果

普通涂层钻头的磨损比金刚石涂层钻头的磨损大很多，而且寿命短很多。但金刚石涂层钻嘴的价格为普通钻嘴价格的 20~25 倍，成本较高。普通涂层钻嘴和金刚石涂层钻嘴钻孔效果对比如图 8.11 所示。

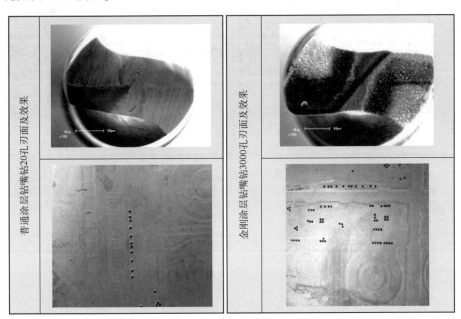

图 8.11　普通钻嘴和金刚石涂层钻嘴钻孔效果对比

3. 铣外形

（1）铣外形参数

与钻孔类似，高导热材料对于铣刀的磨损要比普通 FR4 材料对于铣刀的磨损大很多。其中 B 品牌对刀具的要求明显没有其他 3 种材料严苛，刀具寿命较其他 3 种材料明显长很多。铣外形参数如表 8.13 所示。

表 8.13　铣外形参数

型　号	A 品牌	B 品牌	C 品牌	D 品牌
主轴转速/krpm	32			
进刀率/in	0.3			
退刀率/in	10.0			
寿命/m	5	10	3	7

（2）铣外形效果

由于高导热材料质硬，普通铣刀铣外形后的披锋比金刚石涂层铣刀的披锋明显大很多，普通铣刀和金刚石涂层铣刀铣外形效果对比如图 8.12 所示。

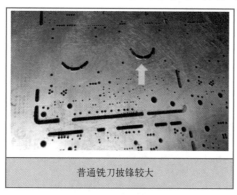
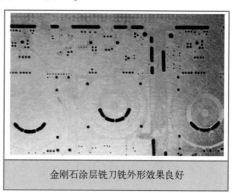

普通铣刀披锋较大　　　　　　　　　　金刚石涂层铣刀铣外形效果良好

图 8.12　普通铣刀和金刚石涂层铣刀铣外形效果对比

4. 可靠性测试结果

4 种材料的可靠性测试结果均满足设计标准要求，其中 A 品牌的线路剥离强度低很多。可靠性测试结果如表 8.14 所示。

表 8.14　可靠性测试结果

测试项目	测试方法	标　准	A 品牌	B 品牌	C 品牌	D 品牌
线路抗剥离强度	参照 IPC-TM-650（2.4.8）	≥0.88 N/mm	0.81~0.91 N/mm	2.16 N/mm	2.10~2.50 N/mm	2.60~2.65 N/mm
耐电压	电压 1500 V	无活化、无击穿	合格	合格	合格	合格
电感	电感测试	合格	合格	合格	合格	合格
再流焊接	QE-1，3 次	无爆板分层、无白点	合格	合格	合格	合格
热冲击	288℃，10 s，6 次	无树脂回缩、无空洞、无焊盘起翘、无爆板分层	合格	合格	合格	合格

5. 整体加工性

材料加工性能对比如表 8.15 所示，从整体加工性来看，B 品牌在加工成本和可加工性方面都具有明显的优势。

表 8.15　材料加工性能对比

	A 品牌	B 品牌	C 品牌	D 品牌
导热系数	1.6 W/(m·K)	1.0 W/(m·K)	1.8 W/(m·K)	1.5 W/(m·K)
内层残铜率	≥70%	≥65%	≥75%	≥70%
层压操作性	较难	容易	较难	困难
机械加工性能	困难	容易	非常困难	较难
机械加工成本（与方案 B 的比值）	16.6	1	25	13

D 品牌采用导热胶膜的方式生产，叠板无法按常规流程运作，无法进行预叠，需要撕去胶片表面的离型膜，操作难度大。导热胶膜只是一层树脂，没有玻璃布的支撑，在撕膜、叠板的过程中很容易破损、起皱、折叠。导热胶膜在低温环境下较脆，易裂，可先将其在室温环境下放置 3~4 h，待胶膜变软后再撕掉离型膜。如果胶膜出现破损，会产生缺胶问题。一旦胶膜出现破损，且所在位置在单元内，需要进行胶膜报废处理。导热胶膜问题如图 8.13 所示。

（a）破损　　　　　　　　　　　　　　　　　（b）折叠

图 8.13　导热胶膜问题

6. 散热效果

对实际产品进行温度测试，在自然冷却条件下，散热效果与 FR4 材料相比不明显。但在风冷情况下，元器件最大可降温 9℃。温度效果对比如表 8.16 所示。

表 8.16　温度效果对比

序号	元器件名称	200 V-50 A 典型负载		200 V-55.6 A 最大负载	
		高导热材质温度/(℃)	FR4 材质温度/(℃)	高导热材质温度/(℃)	FR4 材质温度/(℃)
1	V1	84.9	90.2	93.9	100.2
2	V2	85.4	87.8	94.2	97.2
4	V3	77.6	84.7	83.7	92.9
5	V4	83.3	87.4	92.3	97.8

序号	元器件名称	200 V-50 A 典型负载		200 V-55.6 A 最大负载	
		高导热材质温度/(℃)	FR4 材质温度/(℃)	高导热材质温度/(℃)	FR4 材质温度/(℃)
6	V5	78.5	86.7	86.3	97
7	V6	82.6	88.9	91.6	100.3
9	V7	67.6	69.1	71.7	73.6
10	V8	64.7	66.2	68.2	70
11	环境温度	50.1	50.5	50.4	50.6

8.2.3 总结

① B 品牌高导热材料在 4 种材料中的性价比最高，尤其是可加工性最好。

② 在压合时要特别关注压合的温升速率，以免压合后出现分层。

③ 在批量生产时要使用金刚石涂层钻嘴和铣刀进行钻孔和铣外形，以保证孔和外形的质量。

④ 在风冷情况下，使用高导热材料，可以使元器件的温度最大降低 9℃，可有效延长元器件使用寿命。

8.3 电源产品 PCB 介质厚度的选择

电源厚铜 PCB 采用环形线来取代原先变压器部分的设计模式，因为其有良好的载电流能力和良好的散热性能，所以广泛被应用于变压器、电感装置和电源模块。然而，在厚铜 PCB 产品制作的过程中，因为铜厚的原因，在内层线路制作、压合、钻孔、孔铜电镀等主要的流程中容易出现蚀刻不净、压合空洞等缺陷，进而产生耐电压不良、电感超差等问题。介质耐压是指在相互绝缘的部位或某个独立部位与地层之间施加并持续一段时间的电压（大于额定电压），目的是证明材料能在额定电压或由于开关、电弧等类似现象而引起的瞬间过电压情况下能安全地工作。耐电压的性能是电源厚铜 PCB 产品的最重要也是设计者和产品使用者最为关心的性能指标之一。电源产品由于耐电压不良，在实际应用中会出现电压击穿、烧板等问题，造成严重的安全生产事故，给企业带来巨大的损失。本节对电源板介质耐压进行深入研究，希望能为电源产品 PCB 的介质耐压设计提供重要的实践参考。

8.3.1 试验方案及方法

1. 基板耐压方案设计

（1）基板耐压测试样品制备

采用 A 品牌板材和 B 品牌板材的基板，验证在铜厚分别为 1 oz，2 oz，3 oz，4 oz 的情况下，厚度分别为 4 mil，5 mil，6 mil，8 mil 的基板的最大耐压性能，每种样品选择 50 pcs，测试选用的基板如表 8.17 所示。

表 8.17　测试选用的基板

厂家	类型	材料	介质厚度/mm	铜厚/oz			
A 品牌板材	普通 T_g	A1	0.10	1	2	3	4
	中 T_g	A2	0.10				
	中 T_g	A2	0.12				
	中 T_g	A2	0.15				
	中 T_g	A2	0.20				
	高 T_g	A3	0.10				
	高 T_g	A3	0.13				
	高 T_g	A3	0.15				
	高 T_g	A3	0.20				
B 品牌板材	中 T_g	B1	0.10				
	中 T_g	B1	0.15				
	中 T_g	B1	0.20				
	高 T_g	B2	0.10				
	高 T_g	B2	0.15				
	高 T_g	B2	0.20				

（2）基板耐压测试图形设计

每块基板设计 48 个测试点，正面设计成测点铜焊盘，反面设计成一块铜面。基板耐压测试图形如图 8.14 所示。

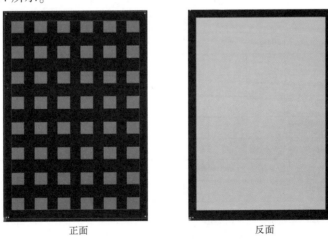

正面　　　　　　　　　　　　　反面

图 8.14　基板耐压测试图形

（3）基板耐压测试方法

根据 IPC-TM-650 2.5.7 测试方法，测试电压以 DC 1500 V 为起始电压，漏电流为

0.1 mA，每次增加 100 V，直到增至 6000 V，爬升时间为 10 s，保持 60 s，记录失效电压，以最低耐高压数据为判定结果。所用测试设备——高压测试机如图 8.15 所示。

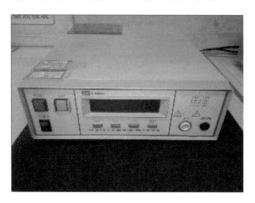

图 8.15　高压测试机

2. 压合后 PCB 介质层耐压方案设计

(1) 压合后 PCB 样品制备

设计一个 10 层 PCB，采用相同的材料，设计 6 种不同的叠层，验证在铜厚分别为 1 oz、2 oz、3 oz、4 oz 的情况下，不同 PP 片组合的最大耐压性能。非安全设计是指此类设计填胶量不足，在压合时可能会造成缺胶，从而导致耐压性能不合格，因此在设计时尽量禁止使用。安全设计是指此类设计只要加工中不存在异常，耐压性能一定可以得到保障，因此在设计时推荐使用。图 8.16 给出了 6 种叠层结构。

非安全设计						安全设计					
叠层		PP片型号	介层厚度	Dk值	完成铜厚	叠层		PP片型号	介层厚度	Dk值	完成铜厚
I1	Foil(STD)				1 oz	I1	Foil(STD)				1 oz
	PP片	PP(2313)RC58	3.42	4.10			PP片	PP(2116)RC55	4.20	3.90	
I2 I3	Core(STD/STD)	1*2313	4.33	4.10	1 oz 1 oz	I2 I3	Core(STD/STD)	1*2313	4.33	4.10	1 oz 1 oz
	PP片	PP(1080)RC67 PP(1080)RC67	4.94	3.70			PP片	PP(1080)RC67 PP(2313)RC58	5.54	3.82	
I4 I5	Core(STD/STD)	1*2313	4.33	4.10	1 oz 1 oz	I4 I5	Core(STD/STD)	1*2313	4.33	4.10	1 oz 1 oz
	PP片	PP(2116)RC55 PP(2116)RC55	8.41	3.90			PP片	PP(2116)RC55 PP(2116)RC55	8.41	3.90	
I6 I5	Core(STD/STD)	1*2313	4.33	4.10	1 oz 1 oz	I6 I5	Core(STD/STD)	1*2313	4.33	4.10	1 oz 1 oz
	PP片	PP(2313)RC58 PP(1080)RC67	5.89	3.93			PP片	PP(2116)RC55 PP(1080)RC67	6.32	3.72	
I8 I9	Core(STD/STD)	1*2313	4.33	4.10	1 oz 1 oz	I8 I9	Core(STD/STD)	1*2313	4.33	4.10	1 oz 1 oz
	PP片	PP(2313)RC58	3.42	4.10			PP片	PP(2116)RC55	4.20	3.90	
I10	Foil(STD)				1 oz	I10	Foil(STD)				1 oz

图 8.16　6 种叠层结构

非安全设计					安全设计				
叠层		PP片型号	介层厚度	Dk值	完成铜厚	叠层		PP片型号	介层厚度	Dk值	完成铜厚

非安全设计						安全设计					
叠层		PP片型号	介层厚度	Dk值	完成铜厚	叠层		PP片型号	介层厚度	Dk值	完成铜厚
I1	Foil(STD)				2 oz	I1	Foil(STD)				2 oz
	PP片	PP(2313)RC58	2.87	4.10			PP片	PP(106)RC78 PP(106)RC78	4.13	3.40	
I2 I3	Core(STD/STD)	1*2313	4.33	4.10	2 oz 2 oz	I2 I3	Core(STD/STD)	1*2313	4.33	4.10	2 oz 2 oz
	PP片	PP(1080)RC69 PP(1080)RC69	4.71	3.60			PP片	PP(106)RC78 PP(106)RC78	5.69	3.40	
I4 I5	Core(STD/STD)	1*2313	4.33	4.10	2 oz 2 oz	I4 I5	Core(STD/STD)	1*2313	4.33	4.10	2 oz 2 oz
	PP片	PP(1080)RC69 PP(1080)RC69	8.06	3.60			PP片	PP(1080)RC69 PP(1080)RC69	8.06	3.60	
I6 I5	Core(STD/STD)	1*2313	4.33	4.10	2 oz	I6 I5	Core(STD/STD)	1*2313	4.33	4.10	2 oz 2 oz
	PP片	PP(106)RC78 PP(106)RC78	5.69	3.40			PP片	PP(1080)RC69 PP(106)RC78	6.48	3.48	
I8 I9	Core(STD/STD)	1*2313	4.33	4.10	2 oz 2 oz	I8 I9	Core(STD/STD)	1*2313	4.33	4.10	2 oz 2 oz
	PP片	PP(2313)RC58	2.87	4.10			PP片	PP(106)RC78 PP(106)RC78	4.13	3.40	
I10	Foil(STD)				2 oz	I10	Foil(STD)				2 oz

非安全设计						安全设计					
叠层		PP片型号	介层厚度	Dk值	完成铜厚	叠层		PP片型号	介层厚度	Dk值	完成铜厚
I1	Foil(STD)				3 oz	I1	Foil(STD)				4 oz
	PP片	PP(106)RC78 PP(1080)RC69	4.41	3.51			PP片	PP(1080)RC69 PP(1080)RC69	4.68	3.60	
I2 I3	Core(STD/STD)	2*106	4.00	3.81	3 oz 3 oz	I2 I3	Core(STD/STD)	2*106	4.00	3.81	4 oz 4 oz
	PP片	PP(106)RC78 PP(106)RC78 PP(1080)RC69	5.47	3.48			PP片	PP(106)RC78 PP(1080)RC69 PP(1080)RC69	5.22	3.54	
I4 I5	Core(STD/STD)	2*106	4.00	3.81	3 oz 3 oz	I4 I5	Core(STD/STD)	2*106	4.00	3.81	4 oz 4 oz
	PP片	PP(106)RC78 PP(1080)RC69 PP(1080)RC69 PP(106)RC78		3.51			PP片	PP(1080)RC69 PP(1080)RC69 PP(1080)RC69 PP(106)RC78	8.57	3.56	
I6 I7	Core(STD/STD)	2*106	4.00	3.81	3 oz 3 oz	I6 I7	Core(STD/STD)	2*106	4.00	3.81	4 oz 4 oz
	PP片	PP(1080)RC69 PP(1080)RC69 PP(106)RC78	6.26	3.54			PP片	PP(1080)RC69 PP(1080)RC69 PP(1080)RC69	6.01	3.60	
I8 I9	Core(STD/STD)	2*106	4.00	3.81	3 oz 3 oz	I8 I9	Core(STD/STD)	2*106	4.00	3.81	4 oz 4 oz
	PP片	PP(1080)RC69 PP(106)RC78	4.41	3.51			PP片	PP(1080)RC69 PP(1080)RC69	4.68	3.60	
I10	Foil(STD)				3 oz	I10	Foil(STD)				4 oz

图 8.16　6 种叠层结构（续）

（2）压合后 PCB 测试图形

压合后，测试图形如图 8.17 所示，对应测试模块如表 8.18 所示。

表 8.18　测试模块

序号	测 试 模 块	序号	测 试 模 块
⑥	层间铜箔错位检测模块	⑦	层间铜箔相交检测模块
⑧	层间铜箔重合检测模块	⑨	大铜箔层间介质检测模块

图 8.17　测试图形

（3）压合后 PCB 耐压测试方法

PCB 由供方 S 和供方 J 分别加工，每种叠层 PCB 各加工 100 pcs，然后进行交叉测试。测试要求：50 pcs 过再流焊接炉 3 次后测试；50 pcs 直接测试。测试方法如表 8.19 所示。

表 8.19　测试方法

测 试 项 目	测 试 方 法	判 定 标 准
耐压测试	1500 V/0.1 mA/30 s	不击穿
耐压极限测试	在 1500 V 的基础上，每次增加 500 V，直到 PCB 失效，确定 PCB 失效前的最大耐压值	—

8.3.2　试验结果分析

1. 基板耐压结果

基板的耐压电压最低可以达到 5500 V，基本都在 6000 V 以上。各类基材耐压情况如表 8.20 所示。

2. 压合后 PCB 耐压结果

压合后 PCB 耐压结果如表 8.21 所示，由该表可知，压合后 PCB 的耐压电压均在 4500 V 以内，比基板的耐压电压显著低很多，这主要是由于在 PCB 压合过程中产生了层间杂质、介质空洞等缺陷。

表 8.20 各类基材耐压情况

厂家	类型	材料	介质厚度/mm	最大耐压电压/kV			
				1 oz	2 oz	3 oz	4 oz
A 品牌板材	普通 T_g	A1	0.10	5.5	>6	>6	>6
	中 T_g	A2	0.10	>6	>6	>6	>6
	中 T_g	A2	0.12	>6	>6	>6	>6
	中 T_g	A2	0.15	>6	>6	>6	>6
	中 T_g	A2	0.20	>6	>6	>6	>6
	高 T_g	A3	0.10	>6	>6	>6	>6
	高 T_g	A3	0.13	>6	>6	>6	>6
	高 T_g	A3	0.15	>6	>6	>6	>6
	高 T_g	A3	0.20	>6	>6	>6	>6
B 品牌板材	中 T_g	B1	0.10	>6	>6	>6	>6
	中 T_g	B1	0.15	>6	>6	>6	>6
	中 T_g	B1	0.20	>6	>6	>6	>6
	高 T_g	B2	0.10	5.5	>6	>6	>6
	高 T_g	B2	0.15	>6	>6	>6	>6
	高 T_g	B2	0.20	>6	>6	>6	>6

表 8.21 压合后 PCB 耐压结果

项目	PCB 供方 J 使用 A2 板材			每 mil 介质层厚度耐压值
	介质厚度/mm	耐压电压/V	设计类型	V/mil
PP 片	5.89	4000	1 oz-非安全设计	679
PP 片	6.48	4300	2 oz-安全设计	664
PP 片	4.41	3800	3 oz-安全设计	862
PP 片	4.68	2900	4 oz-安全设计	620
芯板（Core）	4	3800	4 oz-安全设计	950
项目	PCB 供方 S 使用 A3 板材			每 mil 介质层厚度耐压值
	介质厚度/mm	耐压电压/V	设计类型	V/mil
PP 片	4.33	4000	1 oz-非安全设计	924
芯板（Core）	4.33	4000	1 oz-非安全设计	924
PP 片	7.6	4000	2 oz-非安全设计	526
芯板（Core）	4.33	4000	2 oz-非安全设计	924
芯板（Core）	3.9	3500	2 oz-非安全设计	897

项目	PCB 供方 S 使用 A3 板材			每 mil 介质层厚度耐压值
	介质厚度/mm	耐压电压/V	设计类型	V/mil
PP 片	7.1	3500	2 oz-非安全设计	493
PP 片	6.9	3500	2 oz-非安全设计	507
PP 片	7.3	4000	2 oz-安全设计	548
PP 片	8.4	4000	3 oz-安全设计	476
PP 片	3.9	3500	3 oz-安全设计	897
PP 片	7.5	4000	4 oz-安全设计	533
PP 片	5	4000	4 oz-安全设计	800

8.3.3　总结

① 由于在 PCB 压合过程中难免会产生介质层空洞、介质层杂质等缺陷，PCB 压合后的层间耐压值会显著低于基板的耐压值，故不可以直接参考 PCB 供方给出的基板耐压值进行电源板 PCB 耐压设计。

② 由于在 PCB 压合过程中产生了缺陷，因此，在 PCB 压合后，PP 片的层间耐压值比芯板（Core）的层间耐压显著低，这点在电源产品 PCB 设计时要格外关注。

③ 从测试结果看，换算到每 mil 介质层厚度耐压值，最低只有 476 V/mil，最高也只有 950 V/mil。建议在设计有耐压要求的电源单板时，应按照 450 VDC/mil 耐压要求进行介质厚度设计。

④ 介质层层间错位、相交、重合以及大铜箔设计对耐压值并无明显影响，在对电源产品 PCB 进行耐压设计时不用特别关注。

第9章 匹配性失效案例分析

9.1 金手指与连接器尺寸匹配不良失效分析

分级分段金手指由于在信号传输方面的优势，广泛被应用于系统产品中，但由于其结构复杂，经常发生金手指难以插入连接器的情况。下文中，笔者将通过对金手指 PCB 与连接器尺寸匹配关系的研究，找出影响 PCB 金手指与连接器配合的关键因素，为后续金手指与连接器的关键尺寸管控提供重要依据。

9.1.1 概述

1. 分级分段金手指简介

分级分段金手指工艺是使用选择性湿膜工艺及匹配流程，在同一单元内同时制作出不同长度金手指，并实现在同一根金手指中间按客户要求任意长度分隔的工艺。分级分段金手指示意图如图 9.1 所示。分级分段金手指在设计上突破了原始金手指的设计理念，将金手指设计为长短不一或分段的结构，这样在信号传输过程中形成有效的时间差，便于高频信号的传输，而且可以实现带电热拔插技术，非常方便后续的升级维护。由于此技术促进了基站控制设备标准化和功能模块化，实现了一种控制板在不同产品上的运用，故此目前在系统产品上被广泛应用。

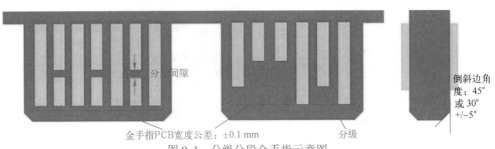

图 9.1 分级分段金手指示意图

2. 分级分段金手指与连接器配合

在将金手指插入连接器时，PCB 端部倒角先接触到连接器卡槽，PCB 与连接器插入配合图如图 9.2 所示。PCB 倒角起导向作用，可以减小金手指插入连接器的插入力。当继续将金手指往连接器内推送时，金手指镀层会与连接器卡槽接触。在实践中，人们经常遇到将金手指往连接器插入时插入力大或者无法插入的情况。下面，笔者期望通过对金手指与连接器尺寸匹配关系的研究，找到影响金手指与连接器配合的关键因素，以优化设计，保证产品质量。

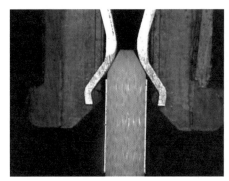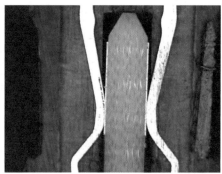

图 9.2　PCB 与连接器插入配合图

9.1.2　试验条件及方法

1. 试验方案

连接器与金手指配合方案如图 9.3 所示，该图给出了连接器与金手指配合的两种设计方式。一种是图 9.3（a）所示的单排连接器与金手指配合，另一种是图 9.3（b）所示的双排连接器与金手指配合，在试验中，笔者探究了当分别采用这两种配合方式时对插拔力的影响因素。

（a）单排连接器与金手指配合

图 9.3　连接器与金手指配合方案

（b）双排连接器与金手指配合

图9.3 连接器与金手指配合方案（续）

2. 测试方案

金手指与连接器插拔力测试方案如表9.1所示，在本方案中，当板厚（1.60mm±0.16mm）取中值时，分别测量不同倒角、不同尺寸宽度的双排金手指与连接器的插拔力；当其他尺寸取中值时，测量不同板厚的单、双排金手指与连接器的插拔力。在测试中，笔者共进行了84次插拔力测试，具体如表9.1所示。

表9.1 金手指与连接器插拔力测试方案

项 目	单/双排金手指插入力				单/双排金手指拔出力			
	B 品牌		A 品牌		B 品牌		A 品牌	
	单	双	单	双	单	双	单	双
方案 1：板厚为 1.60 mm		√		√				
方案 2：板厚为 1.60 mm		√		√				
方案 3：板厚为 1.60 mm		√		√				
方案 4：板厚为 1.60 mm		√		√				
方案 5：板厚为 1.60 mm		√		√				
方案 6：板厚为 1.60 mm		√		√				
方案 7：板厚为 1.60 mm		√		√				
方案 8：板厚为 1.60 mm		√		√				
方案 9：板厚为 1.60mm		√		√				
方案 10：板厚为 1.60 mm		√		√				
方案 11：板厚为 1.57 mm	√	√	√	√	√	√	√	√
方案 12：板厚为 1.57 mm	√	√	√	√	√	√	√	√
方案 13：板厚为 1.62 mm	√	√	√	√	√	√	√	√
方案 14：板厚为 1.66 mm	√	√	√	√	√	√	√	√
方案 15：板厚为 1.73 mm	√	√	√	√	√	√	√	√
方案 16：板厚为 1.74 mm	√	√	√	√	√	√	√	√

项　　目	单/双排金手指插入力				单/双排金手指拔出力			
	B 品牌		A 品牌		B 品牌		A 品牌	
	单	双	单	双	单	双	单	双
方案 17：板厚为 1.75 mm	√	√	√	√	√	√	√	√
方案 18：板厚为 1.75 mm	√	√	√	√	√	√	√	√

3. 试验样品准备

（1）连接器样品

为 A 品牌样品和 B 品牌样品各准备 3 个插座连接器，分别组成 4 组测试样品。连接器样品如图 9.4 所示，分别组成单排连接器和双排连接器。

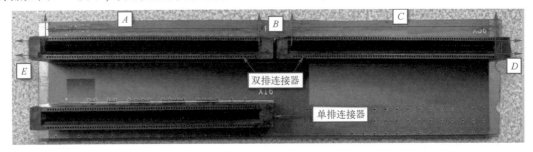

图 9.4　连接器样品

为了最大限度地消除连接器尺寸对插拔力的影响，对于连接器关键的配合尺寸（A 和 C）选用中值，连接器样品尺寸如表 9.2 所示。

表 9.2　连接器样品尺寸　　　　　　　　　　　　　　单位：mm

样　　品	A	B	C	D	E
标准	65.15±0.05		65.15±0.05	1.905±0.08	1.905±0.08
A 品牌	65.14	9.83	65.13	1.84	1.81
B 品牌	65.17	9.80	65.12	1.92	1.96

（2）PCB 样品

按照表 9.3 所示的 PCB 样品尺寸方案，分别准备 18 块如图 9.5 所示的 PCB 样品，重点探究 PCB 的厚度、金手指板宽以及金手指倒边角度三个因素对插拔力的影响。

表 9.3　PCB 样品尺寸方案

项　　目	金手指处板宽（L_2）/mm	金手指处板宽（L_1）/mm	金手指倒边角度	
板　　厚	65±0.1	65±0.1	30°	45°
方案 1：板厚为 1.60 mm	65	65	30°	

续表

项　　目	金手指处板宽(L_2)/mm	金手指处板宽(L_1)/mm	金手指倒边角度	
板　　厚	65±0.1	65±0.1	30°	45°
方案2：板厚为1.60mm	65	65	30°	
方案3：板厚为1.60mm	64.9	64.9	30°	
方案4：板厚为1.60mm	64.9	64.9	30°	
方案5：板厚为1.60mm	65.1	65.1	30°	
方案6：板厚为1.60mm	65	65		45°
方案7：板厚为1.60mm	65	65		45°
方案8：板厚为1.60mm	64.9	64.9		45°
方案9：板厚为1.60mm	64.9	64.9		45°
方案10：板厚为1.60mm	65.1	65.1		45°
方案11：板厚为1.57mm	65	65	30°	
方案12：板厚为1.57mm	65	65	30°	
方案13：板厚为1.62mm	65	65	30°	
方案14：板厚为1.66mm	65	65	30°	
方案15：板厚为1.73mm	65	65	30°	
方案16：板厚为1.74mm	65	65	30°	
方案17：板厚为1.75mm	65	65	30°	
方案18：板厚为1.75mm	65	65	30°	

图9.5　PCB样品

4. 试验设备

采用图9.6所示的 MOEDL 1220S 插拔力测试仪，对单排连接器和双排连接器分别进行插拔力测试，分析单排金手指与单排连接器及双排金手指与双排连接器配合情况，从力学方面探索其插拔力的匹配规律，进而得出它们之间的尺寸匹配关系。

图 9.6　MOEDL 1220S 插拔力测试仪

9.1.3　试验结果分析

1. 不同品牌不同厚度插拔力

当分级分段金手指板边插头的其他尺寸都一样（采用方案 11～18）时，随着 PCB 厚度的增大，需要的连接器插入力越大；尤其是当板厚超过 1.73 mm 时，A 品牌双排连接器的插入力显著增加。另外，A 品牌和 B 品牌的双排连接器都比单排连接器需要的插入力大，其中 A 品牌连接器需要的插入力整体比 B 品牌插入力大。所以在进行产品插拔设计时，如果是需要进行双排连接器配合，应该尽量考虑设计辅助扳手进行插拔，以免客户在现场发生难以插拔的情况。不同品牌不同厚度所需的插入力如图 9.7 所示。

同样，当分级分段金手指板边插头的其他尺寸都一样（采用方案 11～18）时，PCB 厚度越厚，所需要的拔出力越大。尤其是当板厚超过 1.73 mm 时，A 品牌双排连接器所需要的拔出力显著增加。A 品牌和 B 品牌的双排连接器都比单排连接器需要更大的拔出力，其中 A 品牌连接器所需要的拔出力整体比 B 品牌所需要的拔出力大。不同品牌不同厚度所需要的拔出力如图 9.8 所示。

2. 不同品牌不同倒角不同宽度插入力

当分级分段金手指板边插头厚度（板厚）一样（采用方案 1～10）时，A 品牌和 B 品牌的双排连接器所需要的插入力基本一致，没有明显差异，即当板厚取中值时，不同的倒角或者不同的金手指宽度（图 9.5 中的尺寸 L_1 和 L_2）对插拔力贡献不大，不同品牌不同倒角不同金手指宽度所需要的插入力如图 9.9 所示。

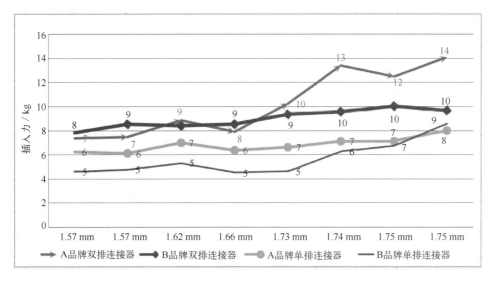

图 9.7　不同品牌不同厚度所需要的插入力

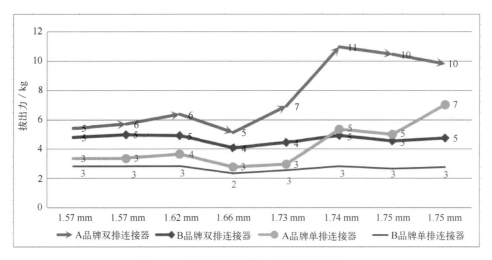

图 9.8　不同品牌不同厚度所需要的拔出力

3. 不同品牌连接器所需要插拔力差异分析

（1）A 品牌和 B 品牌连接器结构分析

影响连接器所需要插拔力的主要因素是端子结构、材料、卡槽的结构尺寸，A 品牌连接器卡槽结构剖面示意图如图 9.10 所示。经确认，在材料方面，A 品牌和 B 品牌两个品牌的连接器都采用磷青铜材料，端子正压力不超过 50 gf（约为 0.5 N），两个品牌的连接器在材质上没有明显差异。通过对插拔力要求较大的 A 品牌连接器卡槽结构及尺寸进行分析可知，

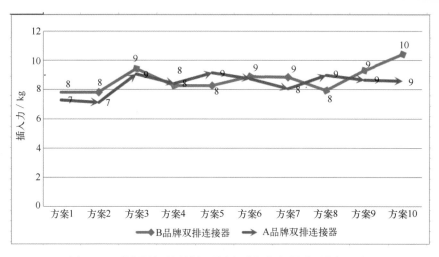

图 9.9　不同品牌不同倒角不同金手指宽度所需要的插入力

A 品牌的卡槽设计结构为锥型，上面宽，下面窄，卡槽外沿部分尺寸为 1.87 mm，卡槽底部的尺寸为 1.70~1.80 mm，通过对卡槽底部的尺寸进行测量可知，实际值为 1.70~1.71 mm，偏下限，而 PCB 金手指的厚度尺寸为 1.60 厚度尺寸为 mm，极限上偏差尺寸为 1.76 mm，在插入过程中有会受到阻力，由此导致插拔力偏大。

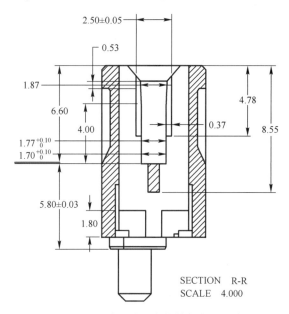

图 9.10　A 品牌连接器卡槽结构剖面示意图

B 品牌的卡槽设计结构为桶形，上下面一样宽，卡槽尺寸为 1.90±0.08 mm，B 品牌连接器卡槽及端子结构剖面示意图如图 8.11 所示。对卡槽底部的尺寸进行测量，实际值为 1.88～1.95 mm。PCB 金手指的厚度尺寸为 1.60±0.16 mm，极限上偏差尺寸为1.76 mm，小于卡槽的尺寸，故此，当连接器和金手指配合时，如图 9.11（b）所示，端子（0.6±0.03 mm 这个开口）就会根据 PCB 的厚度而扩开，不会形成阻力，因而插拔就相对比较容易。

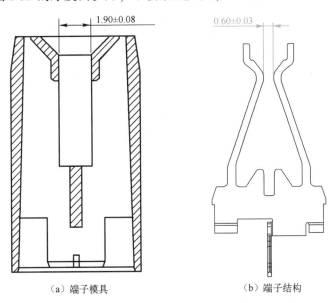

（a）端子模具　　　　　　　　　　（b）端子结构

图 9.11　B 品牌连接器卡槽及端子结构剖面示意图

（2）A 品牌和 B 品牌连接器与金手指配合分析

A 品牌和 B 品牌连接器除了结构本身的差异，在与金手指配合时也存在明显差异。连接器与金手指配合图如图 9.12 所示，由该图可知，A 品牌连接器与金手指在插拔过程中接触面积较大，属于面接触；而 B 品牌连接器与金手指在插拔过程中接触面积较小，属于点接触。所以，在 PCB 金手指的插拔过程中，A 品牌连接器的摩擦力比 B 品牌连接器的摩擦力显著大，最终表现为 A 品牌连接器所需要的插拔力比 B 品牌连接器所需要的插拔力大。

（3）影响 A 品牌连接器所需要插拔力因素分析

将影响插拔力的两个卡槽尺寸(1.77+0.10/-0) mm 和(1.70+0.10/-0) mm 都修改为上限，分别改为 1.87 mm 和 1.80 mm；更换前模相关的备件，重新制作样品并进行插拔力测试，A 品牌连接器改善前后插拔力对比如图 9.13 所示。改善后的插入力相对于改善前的插入力降低了 30% 以上，改善效果显著。主要原因是金手指厚度在上限 1.75 mm 附近，配合 1.80 mm 内槽，属于间隙配合，金手指在插入时没有受到阻力，因而解决了插入力大的问题。

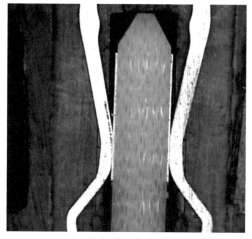 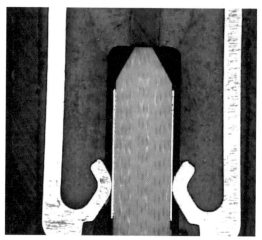

（a）A品牌连接器与金手指配合图　　　　　　　（b）B品牌连接器与金手指配合图

图 9.12　连接器与金手指配合图

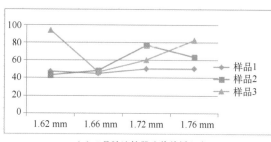 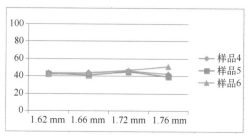

（a）A品牌连接器改善前插入力　　　　　　　（b）A品牌连接器改善后插入力

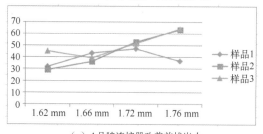 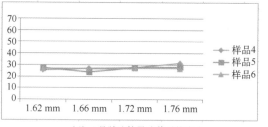

（c）A品牌连接器改善前拔出力　　　　　　　（d）A品牌连接器改善后拔出力

图 9.13　A 品牌连接器改善前后插拔力对比

9.1.4　总结

① PCB 的厚度以及不同品牌连接器的结构是影响插拔力的主要因素。

② PCB 的板厚度越厚，与连接器配合时所需要的插拔力就越大。

③ 连接器的卡槽尺寸对插拔力影响较大。

④ 双排连接器比单排连接器所需要的插拔力大，在产品设计时需要额外关注辅助插拔扳手的设计。

⑤ PCB 不同的倒角以及不同的金手指宽度对插拔力的影响不大。

9.2 大尺寸埋铜 PCB 材料选择

随着大规模数据交互需求的增加，对电子产品小型化、轻便化、散热快和高可靠性的要求也越来越高。一种高性能散热方式是直接在 PCB 内埋入导热性好的金属铜块，将大功率元器件埋入在铜块上加工好的功放槽里面，该工艺散热性强，需要的空间小，其散热效果是普通 PCB 的数十倍，可以很好地满足某些 RFID、通信基站、天线、无线通信设备、放大器、军工产品等的设计性能要求。该工艺与 5G 大尺寸单板的特性相结合，对 PCB 材料提出了新的要求，本节重点介绍 5G 大尺寸埋铜 PCB 材料的选择方法。

9.2.1 试验条件及方法

1. 材料特性

目前，业界认为可靠性及性能比较好的是国外板材 A，B 和 C 是两种国产的初步被认为可替代国外板材 A 的板材，3 种板材的实测主要参数对比如表 9.4 所示。

表 9.4　3 种板材的实测主要参数对比

项目	对 比 样 品			A		B		C	
1	PP RC（PP 片含胶量）			53.3%		53.5%		53.5%	
4	铜箔厚度为 1 oz 时的剥离强度		lb/in	5.48		4.78		5.50	
5	吸水率	PCT 测试方法	%	0.11		0.10		0.10	
8	T_g	DSC 测试方法	℃	191		190		207	
9		TMA 测试方法	℃	180		180		195	
10	T288（基材耐热分解时间）	不含铜	min	>60		>60		>60	
11		含铜	min	>60		>60		>60	
12	CTE（α_1/α_2）		ppm/℃	42/251		55/255		40/250	
13	CTE(%)	TMA(50~260℃)	%	2.4		2.6		2.3	
14	阻燃等级			94V-0		94V-0		94V-0	
16	测试频率为 2 GHz 的介电常数（Dk）			3.95	0.0037	3.94	0.0041	3.93	0.0037

项目	对 比 样 品	A		B		C	
17	测试频率为 3 GHz 的介电常数（Dk）	3.92	0.0040	3.94	0.0043	3.91	0.0040
18	测试频率为 5 GHz 的介电常数（Dk）	3.90	0.0046	3.90	0.0047	3.89	0.0045
19	测试频率为 10 GHz 的介电常数（Dk）	3.85	0.0063	3.87	0.0061	3.86	0.0060

注释：1 lb/in = 0.175 N/mm。

2. 试验产品设计信息

采用板材 B 和 C 制作的产品设计数据如表 9.5 所示，除了使用的材料不一样，其他的设计均相同。

表 9.5　产品设计数据

参　　数	参　数　值
层数	18
板厚	3.0 mm
最小刀径	0.25 mm
表面处理	沉金
内层铜厚	≤2 oz
铜块数量	64 个

3. 制作流程及参数分析

下面笔者将结合板材 B 和 C 各自的加工特点，重点对各个烘板流程、棕化测试、层压控制、钻孔控制以及成品等关键制程及其对应的参数控制进行对比分析，制作流程及参数对比分析如表 9.6 所示。从表中可知，采用板材 B 和 C 制作的产品的各个生产制程均符合要求，无异常现象。

表 9.6　制作流程及参数对比分析

制作流程	板材 B	板材 C	分　　析
棕化	生产控制1：棕化线（MS500）4.5 m/min；微蚀量 1.33 g/cm²		对比不同棕化工艺参数
	生产控制2：棕化线（MS500）3.5 m/min；微蚀量 1.62 g/cm²		
压合控制	● 升温速率（80~140℃）：3.5℃/min； ● 转压点：128℃； ● 各项控制参数均达到预期要求	● 升温速率（80~140℃）：3.4℃/min； ● 转压点：115℃； ● 各项控制参数均达到预期要求	压合参数满足板材加工要求

制作流程	板材 B	板材 C	分　析
磨板	铜块与板厚匹配性较好，无异常残胶	铜块与板厚匹配性较好，无异常残胶	铜块及板厚无异常
钻孔	孔壁质量良好，无异常	孔壁质量良好，无异常	钻孔质量无异常
成品表观	常态下，成品板无起泡等异常现象	常态下，成品板无起泡等异常现象	成品表观无异常

4. 试验方案

测试项目表如表 9.7 所示，本试验共有 4 项评估项目，对不同板材的可加工性及可靠性进行系统性评估。因为 5G 单板比较大且有埋铜，所有材料涨缩及 PP 片与铜箔、铜块的结合力都是重点考察项目。

表 9.7　测试项目表

序号	项　目	检查方法	仪　器	验收标准	样品数量
1	材料涨缩能力	层压后测量板件四角固定对位工具图形的距离与光绘图纸理论值距离对比	3D 尺寸测试仪	两种板材涨缩对比	5
2	层压流胶性能	在 125℃下预烘烤 4 h，进行再流焊接 5 次后切片	金相显微镜	是否有树脂团聚	5
3	PP 片与金属基结合力	验证条件：在 125℃下预烘烤 4 h，进行再流焊接 5 次后切片	金相显微镜	PP 片与金属金基是否分层	5
4	PP 片与铜箔结合力	不同棕化工艺参数（4.5 m/min 和 3.5 m/min 棕化速度）下，常态下（0 次再流焊接测试）和 5 次无铅再流焊接后 PP 片与铜箔结合力	金相显微镜	PP 片与铜箔是否分层	5

9.2.2 试验结果分析

1. 材料涨缩能力

① 验证条件：层压后测量板件四角固定对位工具图形的距离并与光绘图纸理论值距离（CAM）对比。对于两种材料内层，预放值统一规定是，经向为 7×10^{-4}（即万分之 7），纬向为 5×10^{-4}（即万分之 5）；外层预放值经纬向均为 2.5×10^{-4}（即万分之 2.5）。

② 验证结果：材料 B 层压后外层板件整体涨了约 0.5 mm，整体平均涨了约（4.5×10^{-4} ~ 6.0×10^{-4}）（即万分之 4.5 至万分之 6.0），板材 B 涨缩如表 9.8 所示；C 材料层压后外层板件整体涨了约 0.25 mm，整体平均涨了约（2.5×10^{-4} ~ 3.5×10^{-4}）（即万分之 2.5 至万分之 3.5），板材 C 涨缩如表 9.9 所示。

2. 层压流胶性能

① 验证条件：在 125℃下预烘烤 4 h 后进行再流焊接 5 次。

② 切片结果：板材 B 在多个随机位置出现树脂团聚现象，而板材 C 无此现象，板材 B 切片和板材 C 切片分别如图 9.14 和图 9.15 所示。这种现象与板材配方的成分兼容性有关，例如，配方中多个组分，其中有某个组分容易析出，或者组分比例不恰当。另外，在基板制程中，树脂混合均匀性、树脂胶流量控制也有可能导致此现象。此现象对于高速信号影响很大，可造成阻抗不连续，偶尔也会影响到耐热性能。

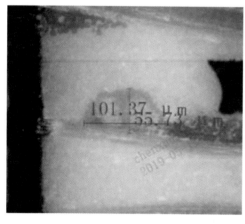 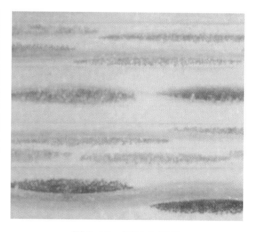

图 9.14　板材 B 切片　　　　　　　　图 9.15　板材 C 切片

3. PP 片与金属基结合力

① 验证条件：125℃下预烘烤 4 h 后进行再流焊接 5 次。

② 切片区域：内层金属基侧壁区域。

表9.8 板材B涨缩

长宽方向	层次	实际CAM	测板数量										平均长宽	最大值	最小值	差值	实际有效值	转化为万分数	外层预放长宽值	实际值（万分数表示）
			1-1	1-2	2-1	2-2	3-1	3-2	4-1	4-2	5-1	5-2								
长方向	L1/2	824.252	824.821	824.821	824.810	824.800	824.837	824.779					824.812	824.837	824.779	0.560	0.560	6.792	2.6	-4.29
	L3/4	824.252	824.762	824.746	824.757	824.732	824.762	824.735					824.749	824.762	824.732	0.497	0.524	6.030	2.5	-3.63
	L5/6	824.252	824.763	824.725	824.695	824.689	824.758	824.684					824.720	824.768	824.684	0.468	0.493	5.678	2.5	-3.18
	L7/8	824.252	824.771	824.730	824.705	824.701	824.757	824.707					824.729	824.771	824.701	0.477	0.503	5.781	2.5	-3.28
	L9/10	824.252	824.749	824.712	824.697	824.688	824.736	824.689					824.712	824.749	824.688	0.460	0.485	5.579	2.5	-3.08
	L11/12	824.252	824.729	824.733	824.733	824.717	824.733	824.696					824.724	824.733	824.696	0.471	0.497	5.720	2.5	-3.22
	L13/14	824.252	824.748	824.737	824.743	824.745	824.749	824.694					824.736	824.749	824.694	0.484	0.510	5.872	2.5	-3.37
	L15/16	824.262	824.763	824.732	824.786	824.743	824.771	824.713					824.751	824.786	824.713	0.499	0.527	6.053	2.5	-3.56
	L17/L18	824.252	824.768	824.724	824.817	824.758	824.747	824.705					824.753	824.817	824.705	0.501	0.528	6.076	2.5	-3.58
	L19/L20	824.252	824.757	824.731	824.790	824.738	824.753	824.693					824.744	824.790	824.693	0.492	0.519	5.965	2.5	-3.47
	L21/L22	824.252	824.807	824.805	824.801	824.764	824.798	824.784					824.793	824.807	824.764	0.541	0.571	6.566	2.5	-4.07
宽方向	L1/2	479.813	480.085	480.078	480.077	480.080	480.077	480.061					480.075	480.085	480.051	0.262	0.247	5.454	2.5	-2.95
	L3/4	479.813	480.042	480.017	480.008	480.000	480.039	480.033					480.023	480.042	480.000	0210	0.199	4.380	2.5	-1.88
	L5/L6	479.813	480.049	480.028	480.030	480.017	450.029	480.012					480.026	480.049	480.012	0.215	0.203	4.470	2.5	-1.97
	L7/8	479.813	480.047	480.022	480.044	480.013	480.042	480.031					480.033	480.047	480.013	0.220	0.208	4.589	2.5	-2.09
	L9/0	479.813	480.058	480.017	480.041	480.017	480.046	480.032					480.035	480.058	480.017	0.222	0.210	4.630	2.5	-2.13
	L11/12	479.813	480.063	480.012	480.049	480.029	480.046	480.019					480.036	480.063	480.012	0.223	0.211	4.655	2.5	-2.16
	L13/14	479.813	480.059	480.025	480.058	480.032	480.047	480.016					480.040	480.059	480.016	0.227	0.214	4.721	2.5	-2.22
	L15/16	479.813	480.060	480.031	480.064	480.017	480.050	480.019					480.040	480.064	480.017	0.227	0.215	4.734	2.5	-2.23
	L17/18	479.813	480.059	480.042	480.075	480.050	480.041	480.027					480.049	480.075	480.027	0.236	0.223	4.919	2.5	-2.42
	L19/20	479.813	480.061	480.054	480.074	480.067	480.043	480.024					480.054	480.074	480.024	0.241	0.228	5.012	2.5	-2.52
	L21/22	479.813	480.103	480.080	480.063	480.038	480.092	480.077					480.079	480.103	480.038	0.266	0.251	5.540	2.5	-3.04

表 9.9　板材 C 涨缩

长宽方向	层次	实际CAM	1-1	1-2	2-1	2-2	3-1	3-2	4-1	4-2	5-1	5-2	平均长宽	最大值	最小值	差值	实际有效值	转化为万分数	外层为预放长	实际值（万分数表示）
长方向	L1/2	824.252	824.478	824.417	824.537	824.537	824.506	824.487	824.505	824.509	824.465	824.47	824.492	824.537	824.417	0.240	0.253	2.909	2.5	-0.409
	L3/4	824.252	824.476	824.457	824.549	824.552	824.531	824.527	824.518	824.51	824.445	824.439	824.500	824.552	824.439	0.248	0.262	3.014	2.5	-0.514
	L5/6	824.252	824.474	824.449	824.549	824.544	824.527	824.509	824.51	824.536	824.42	824.415	824.494	824.549	824.415	0.242	0.255	2.930	2.5	-0.430
	L7/8	824.252	824.498	824.457	824.566	824.639	824.527	824.512	824.536	824.521	824.448	824.425	824.503	824.566	824.425	0.251	0.265	3.044	2.5	-0.544
	L9/10	824.252	824.514	824.466	824.562	824.637	824.539	824.513	824.623	824.526	824.461	824.436	824.508	824.562	824.436	0.256	0.270	3.105	2.5	-0.605
	L11/12	824.252	824.473	824.455	824.533	824.523	824.52	824.524	824.506	824.523	824.482	824.499	824.504	824.533	824.455	0.252	0.265	3.054	2.5	-0.554
	L13/14	824.252	824.458	824.442	824.512	824.499	824.502	824.487	824.512	824.514	824.492	824.44	824.486	824.514	824.44	0.234	0.247	2.837	2.5	-0.337
	L15/16	824.252	824.458	824.443	824.526	824.511	824.52	824.495	824.507	824.532	824.458	824.42	824.487	824.532	824.42	0.235	0.248	2.861	2.5	-0.351
	L17/18	824.252	824.506	824.515	824.567	824.551	824.565	824.56	824.56	824.567	824.509	824.469	824.537	824.567	824.409	0.265	0.300	3.495	2.6	-0.956
	L19/20	824.252	824.505	824.497	824.506	824.519	824.553	824.519	824.543	824.528	824.489	824.441	824.510	824.553	824.441	0.256	0.272	3.130	2.5	-0.630
	L21/22	824.252	824.514	824.51	824.491	824.507	824.499	824.494	824.48	824.479	824.441	824.44	824.486	824.514	824.44	0.234	0.246	2.833	2.5	-0.333
宽方向	L1/2	479.813	479.944	479.882	479.944	479.931	479.933	479.93	479.959	479.91	479.971	479.927	479.933	479.971	479.882	0.120	0.144	2.503	2.5	-0.003
	L3/4	479.813	479.956	479.805	479.975	479.93	479.974	479.911	479.972	479.902	479.965	479.895	479.939	479.975	479.895	0.126	0.119	2.616	2.5	-0.116
	L5/6	479.813	479.986	479.929	480.014	479.954	480.019	479.937	480.003	479.829	480.019	479.923	479.971	480.019	479.923	0.158	0.150	3.299	2.5	-0.799
	L7/8	479.813	479.985	479.937	480.004	479.944	480.007	479.943	480.009	479.934	480.008	479.926	479.970	480.009	479.926	0.157	0.148	3.266	2.5	-0.766
	L9/10	479.813	479.985	479.942	479.992	479.956	480.005	479.955	480	479.943	479.997	479.923	479.970	480.005	479.923	0.157	0.148	3.268	2.5	-0.768
	L11/12	479.813	479.987	479.934	479.997	479.939	480.005	479.943	479.992	479.927	480.004	479.941	479.867	480.005	479.927	0.154	0.145	3.207	2.5	-0.707
	L13/14	479.813	479.969	479.949	479.976	479.955	479.992	479.963	479.99	479.962	479.951	479.895	479.969	479.992	479.895	0.156	0.147	3.251	2.5	-0.751
	L15/16	479.813	479.996	479.947	480.014	479.947	480.012	479.951	479.997	479.966	479.963	479.934	479.976	480.014	479.934	0.163	0.154	3.393	2.5	-0.893
	L17/18	479.813	480.014	479.947	480.018	479.949	479.94	479.94	480.011	479.946	480.007	479.93	479.978	480.018	479.93	0.165	0.156	3.439	2.5	-0.939
	L19/20	479.813	479.972	479.93	479.974	479.927	479.969	479.932	479.965	479.943	479.955	479.919	479.949	479.974	479.919	0.136	0.128	2.826	2.5	-0.326
	L21/22	479.813	479.955	479.935	479.954	479.923	479.96	479.897	479.92	479.908	479.927	479.899	479.928	479.96	479.897	0.115	0.109	2.393	2.5	0.107

测板数量

③ 切片结果：板材 B 的金属基侧壁与 PP 片结合界面有裂纹，而且多个金属基处都有裂纹。板材 C 无此现象。板材 B 金属基位置切片和板材 C 金属基位置切片分别如图 9.16 和图 9.17 所示。

 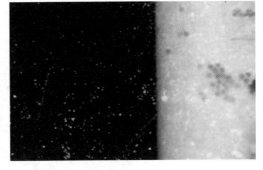

图 9.16 板材 B 金属基位置切片　　　　图 9.17 板材 C 金属基位置切片

此种现象一般是由于低损耗材料分子极性低，与铜箔结合力小，本身的剥离强度相对差造成的，需要对配方进行优化，以提高棕化拉力。另外，如果不需要粗糙度太低的铜箔，可以通过提高粗糙度来增强结合力。当然，此现象也有可能是由于材料的 CTE 过大，与铜块的 CTE 不匹配导致的。

4. 可靠性分析

笔者分别对比了不同棕化工艺参数条件下，采用板材 B 和板材 C 制成的两种产品在常态下（0 次再流焊接测试）和无铅再流焊接 5 次后的可靠性，具体分析如表 9.6 和表 9.7 所示。

（1）棕化工艺参数条件 1 下的可靠性分析

表 9.10 给出了采用板材 B 和板材 C 制成的两种产品在棕化工艺参数为 MS500 - 4.5 m/min 条件下的可靠性分析，并与常态下（再流焊接 0 次）和再流焊接 5 次后的可靠性进行了对比，从分析结果可知：

① 当再流焊接 0 次时，板材 C 埋铜块区域及非埋铜块区域均无分层；而板材 B 埋铜块区域的各个层次（H oz、1 oz、2 oz）的棕化面均出现分层，呈现无规律性，非埋铜块区域无分层现象。

② 当再流焊接 5 次时，板材 C 埋铜块区域及非埋铜块区域均无分层；而板材 B 埋铜块区域的各个层次（H oz、1 oz、2 oz）的棕化面均出现分层，呈现无规律性，非埋铜块区域无分层现象。

③ 在棕化工艺参数为 MS500 4.5 m/min 的条件下，板材 B 和板材 C 在成品可靠性测试方面有明显的差距，板材 C 可靠性满足标准要求，无分层情况发生。

表 9.10　采用板材 B 和板材 C 制成的两种产品在棕化工艺参数为 MS500-4.5 m/min 条件下的可靠性分析

再流焊接	板材类型	可靠性分析	
常态下 （0 次再流 焊接）	板材 C	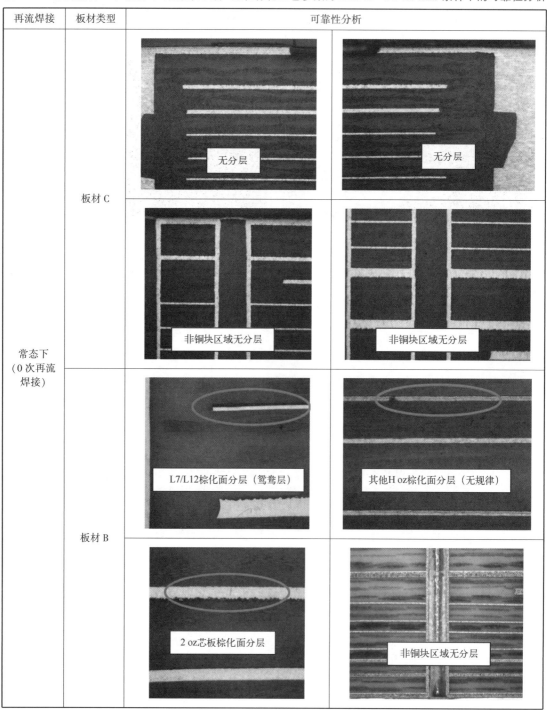	

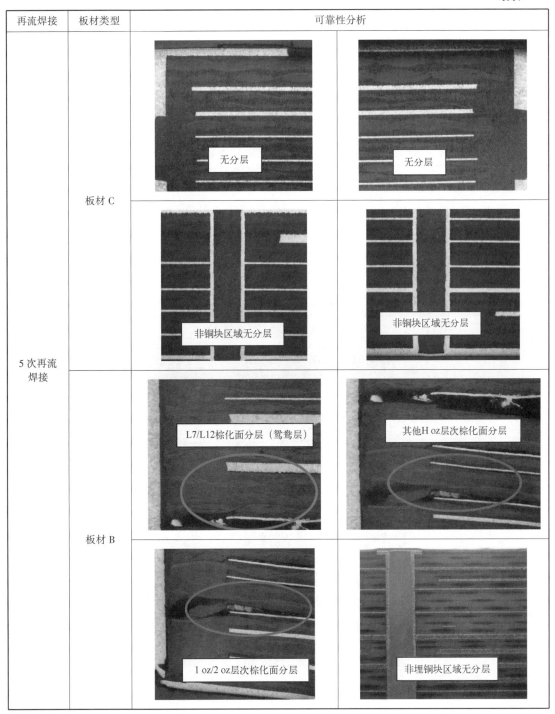

再流焊接	板材类型	可靠性分析
5 次再流焊接	板材 C	无分层　无分层 非铜块区域无分层　非铜块区域无分层
	板材 B	L7/L12棕化面分层（鸳鸯层）　其他H oz层次棕化面分层 1 oz/2 oz层次棕化面分层　非埋铜块区域无分层

（2）棕化工艺参数条件 2 下的可靠性分析

表 9.11 是给出了采用板材 B 和板材 C 制成的两种产品在棕化工艺参数为 MS500-3.5 m/min 条件下的可靠性分析，并与常态下（再流焊接 0 次）和再流焊接 5 次后的可靠性进行了对比，从分析结果可知：

① 当再流焊接 0 次时，板材 C 埋铜块区域及非埋铜块区域均无分层；而板材 B 埋铜块区域的各个层次（H oz、1 oz、2 oz）的棕化面均出现分层，呈现无规律性，非埋铜块区域无分层现象。

② 当再流焊接 5 次时，板材 C 埋铜块区域及非埋铜块区域均无分层；而板材 B 埋铜块区域的各个层次（H oz、1 oz、2 oz）的棕化面均出现分层，呈现无规律性，非埋铜块区域无分层现象。

③ 在棕化工艺参数为 MS500 3.5 m/min 条件下，板材 B 和 板材 C 在成品可靠性测试方面有更为明显的差距，板材 C 的可靠性测试无异常分层问题，满足标准要求。板材 B 无论是在常态下还是在再流焊接条件下，棕化面均有明显的分层问题，板材 B 的可靠性无法满足使用要求。

表 9.11　采用板材 B 和板材 C 制成的两种产品在棕化工艺参数为 MS500-3.5 m/min 条件下的可靠性分析

再流焊接	板材类型	可靠性分析
常态下（0 次再流焊接）	板材 C	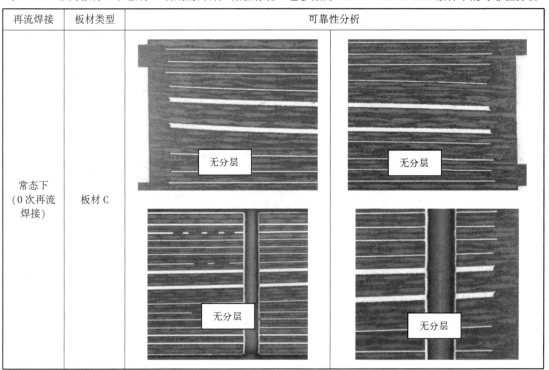

再流焊接	板材类型	可靠性分析	
常态下 （0 次再流 焊接）	板材 B	 L7/L12棕化面分层（鸳鸯层） 2 oz层棕化面分层	 其他 H oz层棕化面分层 非埋铜块区域无分层
5 次再流 焊接	板材 C	 无分层 无分层	 无分层 无分层

再流焊接	板材类型	可靠性分析
5 次再流焊接	板材 B	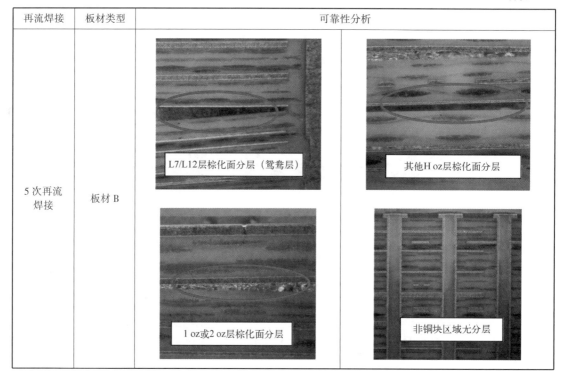

9.2.3 总结

通过对采用板材 B 和板材 C 制成的产品的加工性和可靠性分析，笔者得出以下几点结论。

① 板材 B 流胶性较差，使用同级别材料参数压合后会出现团聚现象。

② 板材 B 本身涨缩与板材 C 本身涨缩相比偏大。

③ 在棕化工艺参数为 MS500-4.5 m/min 条件下：

● 常态下，采用板材 C 制成的产品无分层问题，采用板材 B 制成的产品埋铜块区域的各个层次（H oz、1 oz、2 oz）的棕化面均出现分层，呈现无规律性；

● 无铅再流焊接测试 5 次后，采用板材 C 制成的产品无分层问题，采用板材 B 制成的产品埋铜块区域的各个层次（H oz、1 oz、2 oz）的棕化面均出现分层，呈现无规律性，非埋铜块区域无分层现象。

④ 在棕化工艺参数为 MS500-3.5 m/min 条件下：

● 常态下，采用板材 C 制成的产品无分层问题，采用板材 B 制成的产品埋铜块区域的各个层次（H oz、1 oz、2 oz）的棕化面均出现分层，呈现无规律性；

- 无铅再流焊接测试 5 次后，采用板材 C 制成的产品无分层问题，采用板材 B 制成的产品埋铜块区域的各个层次（H oz、1 oz、2 oz）的棕化面均出现分层，呈现无规律性，非埋铜块区域无分层现象。

⑤ 针对此埋铜块设计的内层 H oz/1 oz/2 oz 铜，板材 B 本批次加工失败，无论生产加工条件（正常与优化）如何，均无法改善其内层埋铜块区域的棕化铜与黏结片分层（其他非埋铜块区域无分层）情况，同时多处金属基位置侧壁与树脂结合界面出现裂纹、发白、缝隙缺陷，因此，板材 B 暂时不适合用于设计埋铜块板。

9.3　5G 功放 PCB 材料选择

用于高频信号传输的印制电路板被称为高频微波印制电路板，也称为高频印制电路板、高频板、射频微波印制电路板等。用于 5G 功放领域的高频板除具有一般高频板的性能外同时还需要具有良好的导热性能和耐热性能。碳氢树脂由于具有非常低的极性和交联密度，因此具有非常好的低介电和低损耗性能。在碳氢树脂中加入一定数量的填料，可以增加材料整体的导热性能，使其在高温环境下具有更加稳定的性能。从分子结构上来说，碳氢树脂分子中仅含 C、H 两种元素，分子链中 C–H 的极性小，分子链构象呈锯齿状平面排列，通过分子中的不饱和基团的交联反应，可以形成高度交联结构，降低了基团的可动性。

在碳氢高频 PCB 基板领域，一直以来基本上都是罗杰斯公司的产品一枝独秀，其他品牌都少有能与之竞争的同等级材料。近年来，随着材料技术的不断发展，市场上出现了很多同级别的高频材料。其中个别材料目前甚至可以达到商用的性能要求。由于 5G 产品对材料的性能要求比 4G 产品更高，所以对材料的选择也越发重要，在拓展材料供应渠道的同时，必须保证材料有稳定的性能。本节重点介绍在选择 5G 功放 PCB 材料时主要考虑的因素，同时给出了某国产材料的性能与罗杰斯公司的材料的性能对比。

9.3.1　试验条件及方法

1. 材料特性

目前，业界认为的可靠性及其他性能比较好的材料是罗杰斯公司生产的板材 A，笔者所在公司验证了同级别的国内某品牌高频材料板材 B。从参数来看，两款板材的性能指标非常接近，可以在不改变原有研发设计的情况下实现完全兼容使用，两款板材主要参数对比如表 9.12 所示。

表 9.12　两款板材主要参数对比

项　　目	测 试 标 准	单 位	条　　件	板材 B	板材 A
介电常数	IPC TM-650 2.5.5.5	—	10 GHz/23℃	3.48+/−0.05	3.48+/−0.05

项　目	测试标准	单位	条　件	板材 B	板材 A
介电损耗	IPC-TM-650 2.5.5.5		10 GHz/23℃	0.0038	0.0037
介电常数温度系数（TCDk）	IPC-TM-650 2.5.5.5	ppm/℃	−50~150℃	50	50
导热系数	ASTM D5470	W/(m·K)	80℃	0.67	0.69
吸水率	IPC-TM-650 2.6.2.1A	%	—	0.05	0.06
密度	ASTM D792	g/cm^3	—	1.86	1.86
抗剥强度	IPC-TM-650 2.4.8	N/mm	使用 1 oz 的标准电解铜箔漂锡后测试	0.92	0.87
T_d	ASTM D3850	℃		390	390
T_g	IPC-TM-650 2.4.24	℃		>280	>280
阻燃等级 94V-0	UL94	—	—	V-0	V-0
CTE(X)	IPC-TM-650 2.4.24	ppm/℃	30~260℃	10	10
CTE(Y)				12	12
CTE(Z)				35	32
尺寸稳定性	IPC-TM-650 2.4.39A	ppm	—	≤400	<500
表面电阻	IPC-TM-650 2.5.17.1	MΩ	—	1.5×10^{10}	1.2×10^{10}
体积电阻	IPC-TM-650 2.5.17.1	MΩ·cm	—	2.1×10^9	5.7×10^9
电气强度	IPC-TM-650 2.5.6.2	kV/mm	—	30.0	31.2
拉伸强度	ASTM D638	MPa	Y 方向	170	175
拉伸模量	ASTM D638	MPa	Y 方向	11000	11473
弯曲强度	IPC-TM-650 2.4.4	MPa	—	260	255

2. 样品设计数据

样品除了使用的材料不一样，其他的设计均相同，样品的叠层结构如图 9.18 所示。

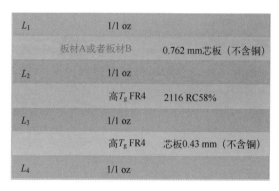

图 9.18　样品的叠层结构

3. 制作流程及参数分析

两款板材全制程都采用同样的加工参数制作，包括混压程式、钻孔、锣板等相关加工参数都完全一致，压合程序如表9.13所示。此参数的设定是为了验证两款板材除了在PCB设计方面完全一致，在PCB加工方面是否也完全一致。

表9.13 压合程序

GF程式	热板温度/(℃)	热板时间/min	压力/(kg/cm²)	压力时间/min	叠板层数	周　期
Step1	140	5	7	5		
Step2	150	14	21	4		
Step3	175	15	28	9		
Step4	195	17	28	23		
Step5	210	94	28	99		
Step6	200	10	26	15	≤10层	共计时长 265 min
Step7	180	20	25	20		
Step8	160	20	20	20		
Step9	140	20	20	20		
Step10	120	20	20	20		
Step11	100	30	20	30		
开始抽真空段数：1		停止抽真空段数：9			真空释放段数：10	
开始抽真空时间：0 min		停止抽真空时间：5 min			真空释放时间：5 min	
真空设定值：740 mmHg						

4. 可靠性试验方案

测试项目表如表9.14所示，本试验共选取5个评估项目，对不同板材的可加工性及可靠性进行系统评估，其中，功放材料耐热性及抗剥离强度是重点考察对象。

表9.14 测试项目表

测试项目	测 试 内 容	方法依据	试样数量/个	评估指标
抗剥强度	取抗剥样条6条，经、纬向各3条	IPC-TM-650 2.4.8 条件A	12	≥0.5 N/mm
	取抗剥样条6条，经、纬向各3条，受热应力后进行抗剥测试	IPC-TM-650 2.4.8 条件B		
耐压测试	取耐电压样品，在进行5次无铅再流焊接预处理后，分别对每层进行（500+15/−0）V耐电压测试，升压速率为100 V/s，耐电压时间为（60+3/−0）s	IPC-TM-650 2.5.7	4	无闪光、火花现象

测试项目	测 试 内 容	方法依据	试样数量/个	评估指标
热应力	取间距分别为 0.4 mm、0.5 mm、0.65 mm、0.8 mm、1.0 mm 的 BGA 过无铅再流焊接 5 次；热应力温度为 288℃，时间为 10 s，进行 3 次，然后切片观察层间结合状况	IPC-TM-650 2.1.1	16	BGA 区域的可靠性
冷热循环	取间距分别为 0.8 mm 和 1.0 mm 的 BGA 孔链进行无铅再流焊接 5 次前处理，高低温循环 1000 次，然后确认电阻变化率	IPC-TM-650 2.6.7	4	电阻变化小于 10%，无分层
CAF 测试	取间距分别为 0.6 mm、0.7 mm、0.8 mm 的 CAF 样品，测试 CAF 测试前后的阻值变化，测试时间≥240 h	IPC-TM-650 2.6.25	6	阻值都大于 10^8 Ω

5. 电性能试验方案

介电常数（Dk）和相位的稳定性对于功放产品最终的效率和输出功率至关重要，工程技术人员要重点关注。叠层切片的介电常数和相位的稳定性分析如表 9.15 所示。

表 9.15　叠层切片的介电常数和相位的稳定性分析

项　　目	测 试 标 准	测 试 内 容
介电常数的稳定性	IPC-TM-650 2.5.5.5	介电常数随温度的变化
		介电常数随频率的变化
		介电常数随吸潮条件的变化
		介电常数随老化时间的变化
相位的稳定性	企业标准	6 个批次的相位的最大值、最小值和平均值

9.3.2　试验结果分析

（1）介质厚度和铜箔厚度分析

分别取样品 A 和样品 B，分析在同一阻抗线位置的切片，发现介质厚度和铜箔厚度无差别。叠层切片的介质厚度和铜箔厚度分析如表 9.16 所示。

表9.16 叠层切片的介质厚度和铜箔厚度分析

层别	标准值/μm	样品 B	样品 A
L_1	≥47.9	54.54	50.79
L_1-L_2	762±76.2	750.01	750
L_2	≥25.4	30.08	32.01
L_2-L_3	120.9±10	129.71	135.35
L_3	≥25.4	31.95	30.08
L_3-L_4	430	445.49	445.49
L_4	≥47.9	50.79	52.67
总厚度	1500±150	1492.57	1496.39

（2）PCB孔壁粗糙度分析

对电镀通孔进行切片分析，两种板材加工后的孔壁粗糙度基本一致，通孔切片如图9.19所示。

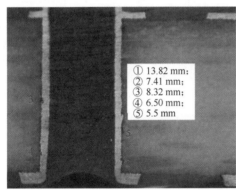

① 13.82 mm;
② 7.41 mm;
③ 8.32 mm;
④ 6.50 mm;
⑤ 5.5 mm

样品B通孔最大直径为13.8 μm

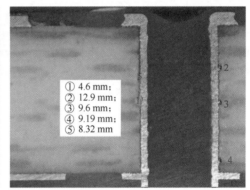

① 4.6 mm;
② 12.9 mm;
③ 9.6 mm;
④ 9.19 mm;
⑤ 8.32 mm

样品A最大直径为12.9 μm

图9.19 通孔切片

（3）PCB的阻抗分析

通过对阻抗进行分析得知，两种板材的阻抗值基本一致，都满足产品标准要求，阻抗数据如表9.17所示。

表9.17 阻抗数据

层 别	L_1-L_2		L_3-L_2/L_4	
材料	样品 B	样品 A	样品 B	样品 A
阻抗值/Ω	53.46	52.75	48.41	52.03

层　　　别	L₁-L₂		L₃-L₂/L₄	
材料	样品 B	样品 A	样品 B	样品 A
阻抗值/Ω	53.41	52.26	48.72	50.02
	53.12	52.99	49.05	52.63
	53.55	52.66	48.55	50.78
	53.34	52.08	48.49	52.49
	53.16	52.37	50.9	51.54
	53.48	52.48	48.36	51.09
	53.04	52.87	48.57	52.08
	53.45	52.6	49.34	50.35
	53.71	52.7	48.99	50.78
阻抗值最小值/Ω	53.04	52.08	48.36	50.02
阻抗值最大值/Ω	53.71	52.99	50.9	52.63
阻抗值最平均值/Ω.	53.37	52.58	48.94	51.38

通过对介质厚度、铜厚、通孔直径（孔粗）及阻抗值的分析可以得出，用两种材料采用相同的加工参数加工成的 PCB 其各项技术参数基本一致，两种材料的加工特性接近。

9.3.3　可靠性结果分析

1. 抗剥离强度测试

分别在处理条件 1（恒温 120℃下烘板 2 h）和处理条件 2（在 260℃下进行热冲击试验 1 次，时间为 10 s）对样品进行处理，用万能拉力机测试压合后的剥离强度。B 品牌材料的铜箔剥离强度均值为 0.92 N/mm，A 品牌材料的铜箔剥离强度均值为 0.87 N/mm，B 品牌材料的铜箔剥离强度大于 A 品牌材料的铜箔剥离强度，实测剥离强度数据如表 9.18 所示。

表 9.18　实测剥离强度数据

品牌	测试条件	实测结果/（N/mm）						均值	判定结果
		第 1 次	第 2 次	第 3 次	第 4 次	第 5 次	第 6 次		
B	条件 1	0.85	0.86	0.90	0.87	0.87	0.90	0.92	合格
	条件 2	0.98	0.97	0.95	0.97	0.95	0.95		合格
A	条件 1	0.84	0.83	0.83	0.84	0.85	0.82	0.87	合格
	条件 2	0.90	0.89	0.91	0.91	0.88	0.90		合格

2. 耐压测试

① 耐压测试：又称 Hi-Pot 测试。

② 测试目的：测试 B 品牌材料耐电压能力。

③ 测试对象：耐压测试样品。

经过测试，B 品牌满足耐压要求。B 品牌 Hi-Pot 测试结果如表 9.19 所示。

表 9.19　B 品牌 Hi-Pot 测试结果

测 试 信 息	内　　容	标　　准
预处理	无铅再流焊接 5 次	—
测试方法	IPC-TM-650 2.5.7	1000 V 和 1500 V，耐压时间均为(30+3/−0) s
仪器	Hi-Pot 测试仪	无火花、闪光
测试结果	满足 1000 V 和 1500 V 耐压均要求，合格	

3. 热应力测试

① 测试目的：验证产品承受热冲击能力。

② 测试对象：B 品牌 BGA 测试样板。

③ 测试方法：

● 将涂助焊剂的样板（成品）垂直放置 5 min，滴干助焊剂；

● 将样板放入 105~120℃的烤箱预热至少 30 s，将表面液体烘干；

● 将样板浸入(288±5)℃的无铅锡槽 10 s，取出冷却至室温，如此反复 3 次循环；

● 清洗吹干样板，观察样板状态并切片分析。

经过验证，B 品牌的间距分别为 0.4 mm、0.5 mm、0.65 mm、0.8 mm 和 1.0 mm 的 BGA 热应力测试均合格，B 品牌受热应力后的典型切片照片如图 9.20 所示。

图 9.20　B 品牌受热应力后的典型切片照片

4. 冷热循环测试

① 测试目的：验证产品承受热冲击能力。

② 测试对象：B 品牌 BGA 测试样品。

③ 测试条件如下。

- 无铅再流焊接 5 次预处理；
- 测试方法：IPC-TM-650 2.6.7.2；
- 测试温度：-55~125℃；
- 停留时间：10 min；
- 斜率：20℃/min；
- 循环次数：1000 次；
- 电阻值变化<10%。

经过验证，B 品牌经过冷热循环测试后无分层爆板现象，且电阻值变化率<10%，满足产品性能要求。B 品牌冷热循环测试结果如表 9.20 所示。

表 9.20　B 品牌冷热循环测试结果

品牌	可　靠　性	间距为 0.8 mm 的 BGA	间距为 1.0 mm 的 BGA
B	无分层起泡现象，通孔无孔壁断裂现象		

序号	初始电阻/Ω	结束电阻/Ω	电阻值变化率/(%)
1	1.009	1.011	0.2
2	1.008	1.018	0.99
3	1.019	1.028	0.88
4	1.14	1.1026	1.18
5	1.077	1.088	1.02
6	1.034	1.043	0.87

5. CAF 测试

① CAF（导电阳极丝）测试可对离子迁移绝缘电阻值进行高精度、高信赖性、高效率评价。

② 测试目的：测试 B 品牌材料抗离子迁移性能。

③ 测试条件：高温高湿老化 168 h，进行 5 次无铅再流焊接预处理，环境温度为 85℃，

湿度为 85%RH，加 50 V DC 偏压，300 h，阻抗 $R \geqslant 10^8$ Ω。

④ B 品牌材料孔径/间距：0.45/1.0 mm、0.3/0.8 mm、0.25/0.65 mm、0.2/0.5 mm、0.2/0.6 mm。

经过 300 h 的 CAF 测试，B 品牌材料无异常。B 品牌材料的 CAF 测试结果如图 9.21 所示。

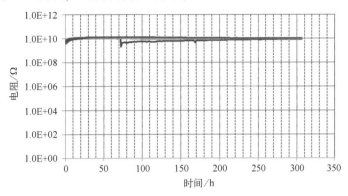

图 9.21　B 品牌材料的 CAF 测试结果

9.3.4　电性能测试

1. 介电常数（Dk）的稳定性

测试标准选用 IPC-TM-650 2.5.5.5，采用矢量网络分析仪进行分析，样品尺寸为 50 mm×30 mm。介电常数测试原理如图 9.22 所示。在两块尺寸一致的被测材料中间压入金属导带，形成如图 9.22 所示的带状线谐振器，当带状线的有效长度等于半波长的整数倍时将会产生谐振，耦合探针和网络分析仪将可以测到该谐振频率，从而可通过软件计算出材料的介电常数和损耗角正切。

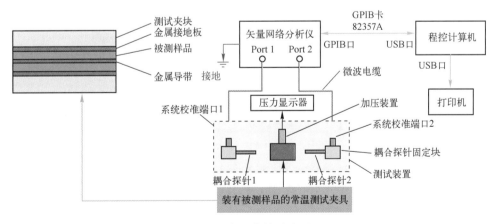

图 9.22　介电常数测试原理

2. 介电常数（Dk）随温度的变化

当温度从−45~150℃进行变化时，采用图 9.22 中的装置可测试对应的 Dk 值，材料 B 和材料 A 的 Dk 值相当，且随着温度的变化都有稳定的 Dk 值，材料 A 和材料 B 介电常数随温度的变化如图 9.23 所示。

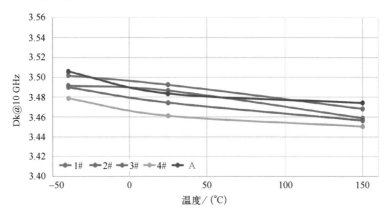

图 9.23　材料 A 和材料 B 介电常数随温度的变化

3. 介电常数（Dk）随频率的变化

频率从 1~18 GHz 进行变化，同样采用图 9.22 中的装置测试对应的 Dk 值，材料 B 和材料 A 的 Dk 值相当，且随着频率的变化都有稳定的 Dk 值，材料 A 和材料 B 介电常数随频率的变化如图 9.24 所示。

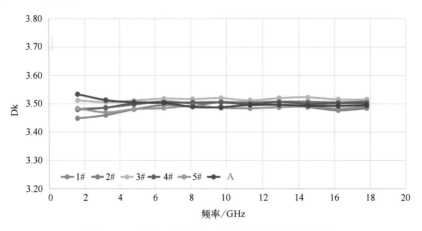

图 9.24　材料 A 和材料 B 介电常数随频率的变化

4. 介电常数（Dk）随吸潮条件的变化

- 预处理 1：在纯水中将样品浸泡 10 min 后将表面擦干；
- 预处理 2：在 125℃下烘烤 168 h；
- 预处理 3：在 175℃下烘烤 168 h。

在 10 GHz 频率下测试吸湿后介电常数的变化，材料 A 和材料 B 的环境耐受性差异不大，在不同处理方式下可保持稳定的介电常数。材料 A 和材料 B 介电常数随吸湿条件的变化如图 9.25 所示。

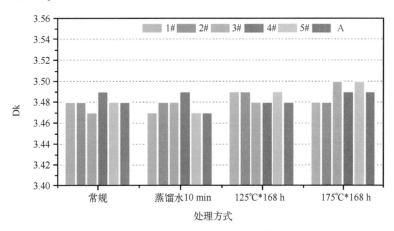

图 9.25　材料 A 和材料 B 介电常数随吸湿条件的变化

5. 介电常数（Dk）随老化时间的变化

在 85℃/RH85%、1000 h 的老化处理条件下，测试老化后的介电常数，材料 A 和材料 B 的长期老化性能差异不大。材料 A 和材料 B 介电常数随老化时间的变化如图 9.26 所示。

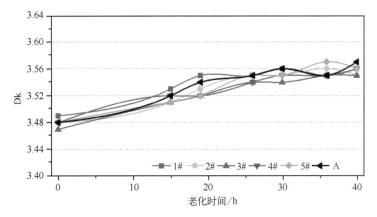

图 9.26　材料 A 和材料 B 介电常数随老化时间的变化

6. 相位评估（材料 B）

相位会影响功放产品的输出效率和功率，板材相位一致性的好坏直接决定最终产品的性能。相位绝对值 90°（典型功放频率 2.27 GHz），材料 B 的 6 个批次 35 组样品实测相位最大值和最小值变化差异为 0.918°，其中，第 1 批次样品实测相位最大值和最小值变化差异为 0.497°；第 2 批次样品实测相位最大值和最小值变化差异为 0.328°；第 3 批次样品实测相位最大值和最小值变化差异为 0.737°；第 4 批次样品实测相位最大值和最小值变化差异为 0.292°；第 5 批次样品实测相位最大值和最小值变化差异为 0.264°；第 6 批次样品实测相位最大值和最小值变化差异为 0.558°。各批次相位一致性都较好，材料 B 的 6 个批次相位最大、最小和平均值如图 9.27 所示。

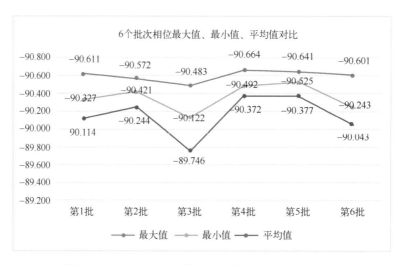

图 9.27　材料 B 的 6 个批次相位最大、最小和平均值

对 6 个批次每个实测数据进行了仿真拟合，相位一致性较好，材料 B 各批次相位均值如表 9.21 所示。

表 9.21　材料 B 各批次相位均值

批　　次	相位均值/(°)
1#	−90.327
2#	−90.421
3#	−90.122
4#	−90.491
5#	−90.525
6#	−90.243

9.3.5　总结

通过对材料 A 和材料 B 的加工性和可靠性分析，得出以下几点结论：

① 5G 功放材料需要重点考虑与现有标杆材料的兼容性，在可靠性方面要重点考虑板材的耐热性，在电性能方面要重点考虑介电常数（Dk）的稳定性以及相位的一致性。

② 采用相同的叠层设计，通过对成品 PCB 的介质厚度、铜厚、孔粗及阻抗的分析可知，两种材料采用相同加工参数加工后 PCB 各项技术参数基本一致，材料 A 和材料 B 的加工特性接近。

③ 在可靠性方面，通过剥离强度、Hi-Pot、热应力、无铅再流焊接、内孔质量、冷热循环、CAF 测试可知，材料 B 满足 5G 功放产品无铅耐热性要求。

④ 在电性能方面，材料 B 的介电常数（Dk）与材料 A 的介电常数（Dk）一致，在各种条件下都非常稳定，相位一致性也非常好，可以与原设计实现完全兼容。

9.4　脉冲电镀在印制电路板中的应用

脉冲电镀具有减少电镀时间、增加电镀产能、提升深镀能力（TP）、间接降低材料成本、降低后工序加工难度等优点，适用于垂直连续电镀（VCP）线与龙门垂直电镀线，已成为众多大型 PCB 厂首选的电镀方式。针对脉冲电镀的各项性能评估，笔者进行了系统性的测试研究。在脉冲电镀药水这个领域，一直以来基本上都是国外品牌麦德美一枝独秀，其他品牌没有能与之竞争的产品。近年来，随着国内材料技术的不断发展，市场上陆续出现了一些同类竞品，其中，个别国产的脉冲电镀药水目前已经可以达到商用的性能要求，并在 5G 的 PCB 生产中大批量应用。由于电镀药水影响 PCB 的电性能，对 PCB 最终的可靠性至关重要，尤其是具有高厚径比的 PCB，对药水的深镀能力和镀层可靠性要求很高，所以在拓展药水供应渠道的同时，必须保证药水具有稳定的性能。本节以已经在 5G 的 PCB 生产中批量应用的某国产品牌脉冲药水的性能测试为例，重点介绍在进行脉冲电镀药水选择时主要需要考虑的因素。

9.4.1　脉冲电镀及其原理

1. 脉冲电镀简介

在进行脉冲电镀时会出现正脉冲和负脉冲周期，在正脉冲周期（T_F），光亮剂/承载剂吸附于 PCB 表面，在负脉冲周期（T_R），高电位的光亮剂会从 PCB 表面回归电镀液。在下一个正向周期（T_F），光亮剂再次吸附于 PCB 表面。由于承载剂增加极化效果，导致高电位区微观双电层及扩散层厚度大大增加，而低电位区变化不大，从而达到改变高低电位光亮剂（电镀加速剂）浓度不同的目的，提升了低电位区的沉积速度，从而使低电位区电镀速度的增加远高于表面铜厚度的增加，提升了高纵横比板深镀能力。脉冲电镀相比传统直流电镀能显著提高 PCB 镀铜的深镀能力，通过应用脉冲电源，在高速脉冲电流及电镀液和添加剂的作用下，产生新的极化电阻，使得"阴极"表面镀层厚度更加均匀，从而解决高厚径比微小孔和 HDI 板盲孔的电镀质量。典型的脉冲波形图如图 9.28 所示。

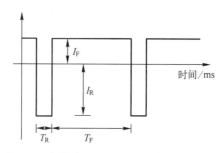

I_F：正脉冲电流；I_R：负脉冲电流；T_F：正脉冲周期；T_R：负脉冲周期

图 9.28　典型脉冲波形图

2. 脉冲电镀原理

在电镀开始时，载体分子改变其在阴极表面上的取向并被极化。在施加正向电流期间，铜被镀在电路板表面和孔壁处，此时载体分子的正电荷正对电路板，不断被吸引并沉积在电路板表面，此时，在电位高的地方，电沉积速度会更快。正向脉冲电镀示意图如图 9.29 所示。

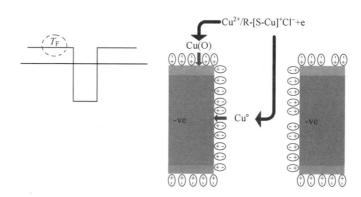

图 9.29　正向脉冲电镀示意图

在更强的反向电流期间，电路板带正电荷，迫使载体分子"旋转"，此时载体分子负电荷正对电路板，成为与电路板对接的偶极子。在高密度电流区域，比如孔角位置，载体分子更容易被极化，扩散层厚度增加，且抑制了此处的放电发生。负向脉冲电镀示意图如图 9.30 所示。

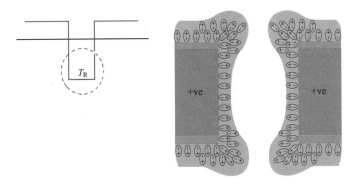

图 9.30　负向脉冲电镀示意图

在反向周期之后，整流器返回到正向周期，电路板表面被负电荷极化，高密度电流区域的载体分子量和质量较大，在很长一段时间内将保持其极性，也就是说，在孔角处扩散层的增厚将会抑制电沉积的发生，而在极化较弱的孔壁中心处，将会有更快的沉积速度。正向脉冲前期电镀示意图如图 9.31 所示。

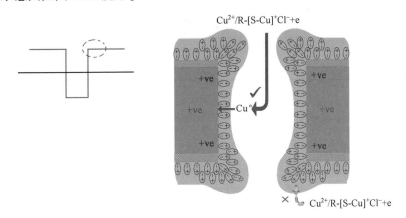

图 9.31　正向脉冲前期电镀示意图

在正向循环的后期，载体分子被重新排列，就如同直流电镀一样，正电荷面向 PCB 表面，PCB 面和孔壁上的铜离子被还原为铜（Cu）原子。在如此正反周期脉冲的作用下，最终使得孔内铜厚增厚，深镀能力（TP）值大于 100%。正向脉冲后期电镀示意图如图 9.32 所示。

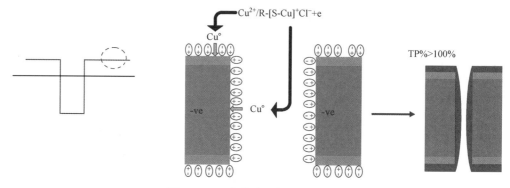

图 9.32　正向脉冲后期电镀示意图

9.4.2　试验条件及方法

1. 样品制备

准备不同板厚、不同厚径比（AR）的样板，使用国产 A 品牌药水进行脉冲电镀，样板数据如表 9.22 所示。

表 9.22　样板数据

样板材料	板厚/mm	通孔孔径/mm	厚径比（AR）	数量/块
FR4	2.0	0.25	8 : 1	1
FR4	3.0	0.25	12 : 1	1
FR4	4.4	0.20	22 : 1	1
FR4	5.0	0.25	20 : 1	1
FR4	8.0	0.425	19 : 1	1

2. 测试项目

测试共包括 6 个评估项目，对不同板厚、不同厚径比的 PCB 进行脉冲电镀，评估国产 A 品牌脉冲电镀工艺的可靠性。其中，深镀能力是评估脉冲电镀药水的电镀均匀性的关键指标；延展性、热应力及冷热冲击是评估药水的可靠性的主要指标，该指标也是在实际使用中药水的关键性能指标，需要重点关注。试验项目如表 9.23 所示。

表 9.23　试验项目

序号	检查项目	设备仪器	测试标准	验收标准
1	深镀能力（TP）	切片机、金相显微镜	企业标准	TP 值≥90%

序号	检 查 项 目	设 备 仪 器	测 试 标 准	验 收 标 准
2	延展性	拉力试验机	IPC-TM-650 2.4.18	延展百分率≥20% 抗拉强度≥248 N/cm²
3	热应力	无铅锡炉	IPC-TM-650 2.6.8	无铜层断裂、角裂和分离现象
4	无铅再流焊接测试	无铅再流焊接炉	企业标准	无铜层断裂、角裂和分离现象
5	晶格	扫描电子显微镜（SEM）	企业标准	晶格细腻均匀，无柱状结晶
6	冷热冲击	冷热冲击机	IPC-TM-650 2.6.7.2	低电阻变化率<10%，外观镀层正常

9.4.3　试验结果分析

1. 深镀能力

（1）深镀能力计算方法

深镀能力（TP）是衡量电镀铜厚均匀性的一项重要指标，TP 值越高，说明孔铜越厚。良好的深镀能力对压接孔至关重要，直接影响连接器与 PCB 接触的可靠性。深镀能力有两种计算方法，每种方法计算的 TP 值一般都要求大于 90%。深镀能力（TP）计算方法如图 9.33 所示。

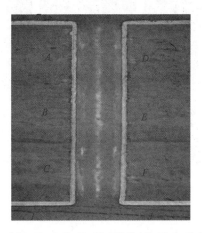

$$TP \text{ 平均值} = [(A+B+C+D+E+F)/6]/[(G+H+I+J)/4] \times 100\%;$$
$$TP \text{ 最小值} = [(B+E)/2]/[(G+H+I+J)/4] \times 100\%$$

图 9.33　深镀能力（TP）计算方法

（2）深镀能力测量结果

深镀能力测试板采用 FR-4 板材，测试板板厚分别为 2.0 mm、3.0 mm、4.4 mm、5.0 mm 和 8.0 mm，通过测试可知，每种板厚测试板深镀能力（TP）值均大于 90%，说明国产 A 品牌脉冲药水具有良好的深镀能力，可以满足不同板厚、不同厚径比的 PCB 镀铜均匀性要求。深镀能力数据如表 9.24 所示，不同厚径比典型微切片如图 9.34 所示。

表 9.24 深镀能力数据

板厚 /mm	切片孔径/mm	厚径比（AR）	面铜铜厚/μm				孔内铜厚/μm						深镀能力	
			G	H	I	J	A	B	C	D	E	F	TP 平均值/（%）	TP 最小值/（%）
2.0	0.25	8∶1	29.3	28.6	30.2	30.2	32.4	31.5	34.7	32.4	31.8	33.1	110	107
3.0	0.25	12∶1	32.1	33.4	34.7	33.1	36.9	38.8	37.2	36.9	39.1	36.9	113	117
4.4	0.20	22∶1	23.3	25.5	24.4	25.8	24.7	27.8	25.3	27.5	28.6	26.7	108	114
5.0	0.25	20∶1	29.1	31.1	31.1	30	35.4	34.0	37.7	38	35.4	41.7	122	114
8.0	0.425	19∶1	27.0	27.0	27.0	26.3	26.3	25.7	25.0	27.6	25.0	24.8	96	95

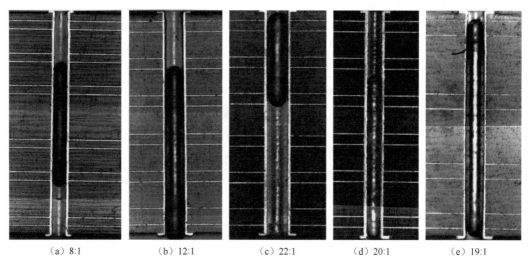

（a）8:1　　　　　（b）12:1　　　　　（c）22:1　　　　　（d）20:1　　　　　（e）19:1

图 9.34　不同厚径比典型微切片

2. 延展性测试

电镀铜的延展性是一项重要的物性指标，直接影响电镀铜层在后续 PCB 使用中的抗击热胀冷缩以及机械应力的能力。取一块 18 in×21 in 大小的钢板洗干净，以 2.0ASD（A/dm²）电流密度进行脉冲电镀，电镀厚度控制在 50~100 μm；将铜箔取下，在 150℃下烘烤 2~4 h 后采用 IPC-TM-650 2.4.18 方法测试其延展性。测试结果表明，国产 A 品牌脉冲药水的延伸率大于20%，抗拉强度大于248 N/cm²，结果满足要求，延展性测试结果如表9.25所示。

表 9.25 延展性测试表

试样号	宽度/mm	厚度/mm	拉伸力/N	拉伸强度/(N/mm²)	延伸率/(%)
1	13	0.08	325.3	312.8	29.4
2	13	0.08	316	303.9	26.5
3	13	0.08	324.2	311.7	26.5
4	13	0.08	324.8	312.3	24.4
5	13	0.08	313.1	301.1	30.5
6	13	0.08	319	306.8	24.6

3. 热应力测试

随机抽取测试板上切下来的样本，按照IPC-TM-650 2.6.8方法进行测试，在150℃下烘烤2~4 h，在无铅锡炉中浸锡，在288℃下重复浸锡10次，每次10 s，在显微镜下观察镀铜层，没有发现断开、裂纹、分层等缺陷，表明采用国产A品牌脉冲药水电镀的铜层具有良好的耐热性能，热应力典型微切片如图9.35所示。

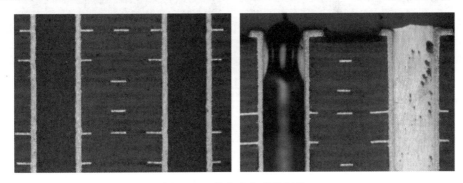

图 9.35 热应力典型微切片

4. 无铅再流焊接测试

随机抽取测试板样品，过无铅再流焊接炉10次（波峰焊接温度为265℃）后无镀铜断裂、角裂等可靠性异常现象，表明采用国产A品牌脉冲药水电镀的铜层可以满足无铅焊接耐温要求，无铅再流焊接后典型切片如图9.36所示。

5. 晶格分析

随机抽取测试板样本，用SEM（扫描电子显微镜）对电镀铜层晶格进行分析。观察镀层晶格是否呈柱状结构，以此来确认过孔的抗拉伸能力。分析结果表明，晶格细腻均匀，无柱状结晶，晶格分析图片如图9.37所示。

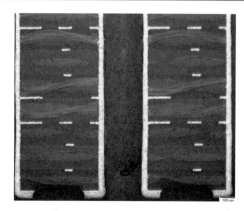

图 9.36　无铅再流焊接后典型切片

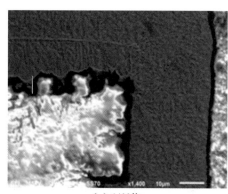

（a）1400倍

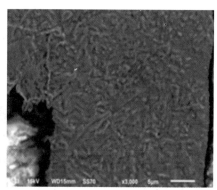

（b）3000倍

图 9.37　晶格分析图片

6. 冷热冲击测试

随机抽取样本，按照 IPC-TM-650 2.6.7.2 方法进行热冲击导电性能测试并进行微切片分析。在 125℃ 高温下停留 15 min，在 −55℃ 低温下停留 15 min，测试 500 个循环。测试后测量电阻变化率小于 10%，切片未发现镀层分离、镀层裂纹、树脂回缩、孔壁剥离、互连分离现象，表明采用国产 A 品牌脉冲药水电镀的铜层长期可靠性良好。延展性测试如表 9.26 所示，冷热冲击后切片如图 9.38 所示。

表 9.26　延展性测试

序　号	初始电阻/Ω	最终电阻/Ω	电阻变化率/（%）
1	0.432	0.448	3.61
2	0.462	0.475	2.81
3	0.524	0.538	2.67

序　号	初始电阻/Ω	最终电阻/Ω	电阻变化率/(%)
4	0.514	0.525	2.14
5	0.485	0.497	2.47

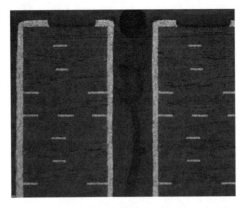

图 9.38　冷热冲击后切片

9.4.4　总结

① 深镀能力是有效评估脉冲电镀药水电镀均匀性的关键指标；延展性是检测脉冲电镀铜物性的重要指标，这两项指标在实际工作中需要重点考核。

② 热应力、无铅再流焊接测试及冷热冲击测试等可靠性测试项目对电子产品无铅贴装及长期可靠性有重要影响，故在评估脉冲电镀药水时需要重点评估。

③ 目前国产的个别品牌脉冲电镀药水已经能够稳定地满足 PCB 电镀生产要求并具有良好的可靠性。

参 考 文 献

［1］张智畅，胡梦海．不同表面处理耐老化性能分析［J］．印制电路信息，2015(11)．

［2］魏新启，王蓓蕾，贾忠中，王玉．高速高频（R04350B+M6）混压多层电路板分层原因研究［J］．电子工艺技术，2018，39(2)．

［3］IPC-TM-650　印制线路板热应力测试方法．

［4］IPC-A-610G　印制电路板的验收条件．

［5］IPC/JEDEC J-STD-020C　塑封表面器件对潮湿和再流焊接的敏感度分级．

［6］樊融融．现代电子装联无铅焊接技术［M］．北京：电子工业出版社，2008．

［7］张杰威，陈黎阳，乔书晓．表面处理与涂覆［R］．2013秋季国际PCB技术/信息论坛．

［8］贾忠中．无铅PCB的表面处理与选择［J］．电子工艺技术，2017，38(6)：364-369．

［9］李伏，李斌．金层厚度对沉金PCB焊锡延展性及焊点可靠性的影响［J］．电镀与涂饰，2015，34(4)．

［10］白蓉生．看图说故事（15）［J］．电路板会刊，2009(45)：4-17．

［11］陈黎阳，张杰威，沈江华，乔书晓．关于沉金镍腐蚀问题的研究［J］．印制电路信息，2012(4)．

［12］方景礼．取代化学镍金的新型碱性化学银工艺的原理、特点与应用［J］．印制电路信息，2013(5)．

［13］贾忠中．无铅PCB的表面处理与选择［J］．电子工艺技术，2017，38(6)：364-369．

［14］IPC-TM-650　印制线路板测试方法．

［15］IPC-A-600G　印制电路板的验收条件．

［16］IPC-A-610G　电子组装件可接受条件．

［17］樊融融．现代电子装联无铅焊接技术［M］．北京：电子工业出版社，2008．

［18］樊融融．现代电子装联波峰焊接技术基础［M］．北京：电子工业出版社，2009．

［19］张军杰，韩启龙．PCB焊接过程中翘曲原因探究与改善［J］．电子工艺技术，2013，34(5)．

［20］叶应才，何淼，黄海蛟，余洋，彭卫红，姜雪飞，刘东．厚铜板可靠性保证的控制方法研究［J］．印制电路信息，2011．

［21］任树元，王立峰，肖逸兴，张俊鹏．厚铜板产品控制要求和难点［J］．印制电路信息，2017(1)．

［22］王立峰．厚铜多层板结构性问题研究［J］．印制电路信息，2015(2)．

［23］纪成光，高斌，肖璐，陶伟．高导热板材PCB产品开发［J］．印制电路信息，2013(8)．

［24］叶应才，何淼，黄海蛟，余洋，彭卫红，姜雪飞，刘东．厚铜板可靠性保证的控制方法研究［J］．印制电路信息，2011．